U0063113

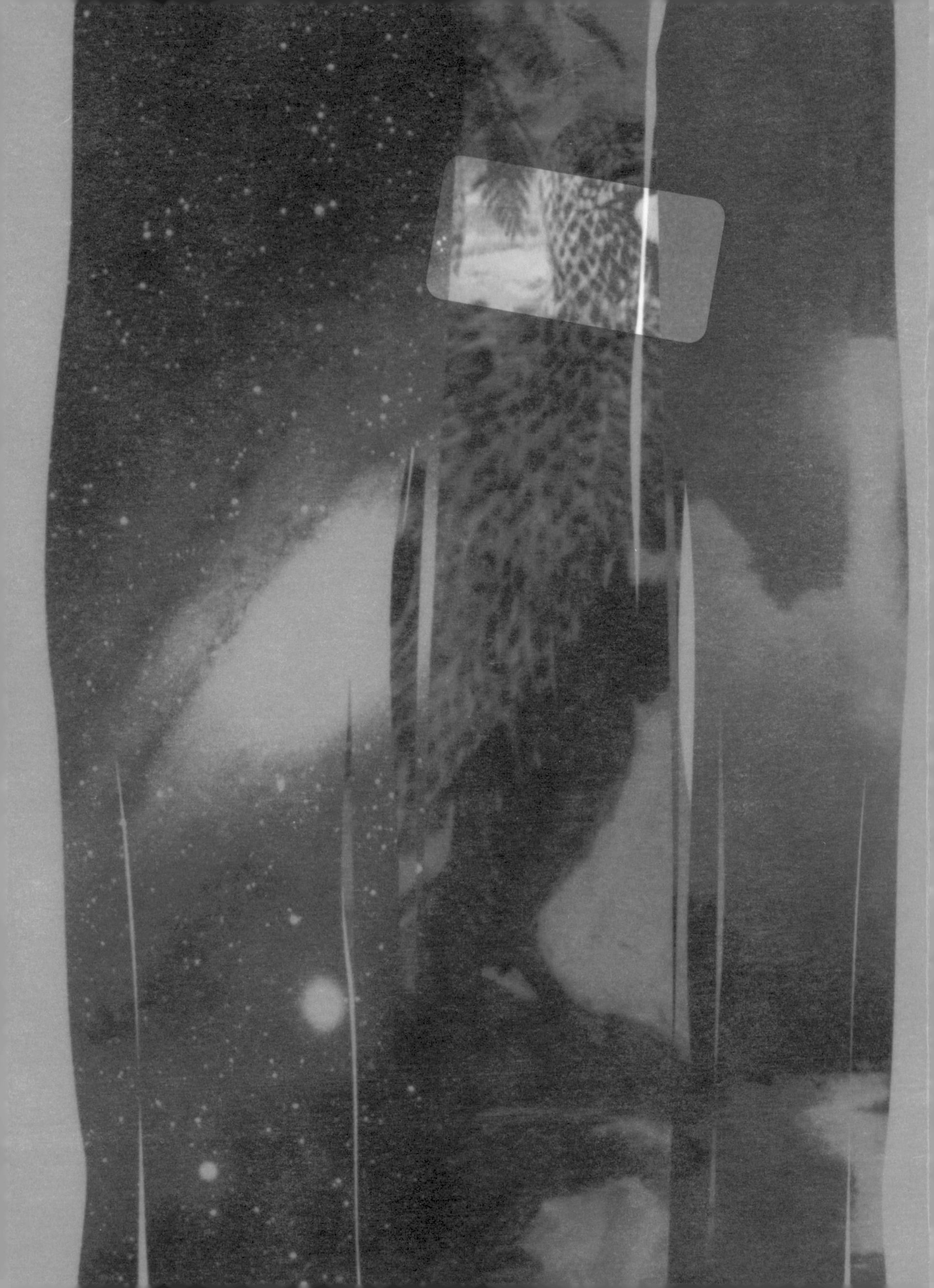

上海科学技术文献出版社

图书在版编目(CIP)数据

CCTV 发现之旅. 6/薛继军主编. 上海：上海科学技术文献出版社，2005.5

ISBN 7-5439-2568-0

Ⅰ. C... Ⅱ. 薛... Ⅲ. 科学知识-普及读物 Ⅳ. Z228

中国版本图书馆 CIP 数据核字(2005)第 033385 号

责任编辑：张 树 祝静怡 陈云珍

装帧设计：钱 祯

条目注释：宋静娴

CCTV 发现之旅 6

主　　编：薛继军　副主编：廖 烨 张 力

出版发行：上海科学技术文献出版社

地　　址：上海市武康路 2 号

邮政编码：200031

经　　销：全国新华书店

制　　版：南京展望文化发展有限公司

印　　刷：常熟市华顺印刷有限公司

开　　本：787×960　1/16

印　　张：9.25

字　　数：160 000

插　　页：1

版　　次：2005 年 5 月第 1 版　2005 年 8 月第 2 次印刷

印　　数：8 001-11 300

书　　号：ISBN 7-5439-2568-0/G・667

定　　价：23.00 元

http://www.sstlp.com

《发现之旅》的秘密

薛继军

《发现之旅》希望为观众朋友们带来什么？《发现之旅》的制作者们又在这发现的旅程中得到了什么？答案并不是一蹴而就的。一种崭新的节目形态必然要经历创生、成长、成熟的阶段，所以节目的定位与目标人群，包括节目的表现手段以及区别同类节目的独特气质，无不是一个在摸索中逐渐清晰的过程。对于那些创作节目的年轻同志，用一句社会上的时髦话来说，当然希望他们既满足了自我又奉献了他人，果能如此，当可成就一段激情燃烧的岁月。

其实这些都是栏目创造者的内心独白，很少能够拿出来摆一摆。前面说了，栏目的开创也是摸着石头过河，但并不意味着在一开始不存在原始的构想。为了更好的对《发现之旅》做一个说明，其实有必要先谈一谈我们不想把节目做成什么样子。首先，这个节目不是传统意义上的科教片，它不能一头扎入知识的海洋难以自拔；其次，它也不是精英类纪录片，惟出语惊人马首是瞻，这实在有点太过险峻；最后，它一定不是新闻报导式的纪录片，浮光掠影，泛泛一番。

那么，《发现之旅》是一个什么样的栏目，或者说，它自身的价值体现在哪里呢？一个节目，最先实现的应该是它在艺术上的价值。与其他节目相比，《发现之旅》有很鲜明的特色，它的引人入胜在于强调故事化的创作手法。首先是一个故事，然后是事件的前后关连，最后是解开谜题的科学钥匙。在这里，知识潜入了后台，用故事来带动知识，将科学融入情节中去，达到寓教于乐的传播目的。这种娱乐化的创作手段并不是我们的发明创造，但是在国内的科学节目中，我们的确先行了一步。第二，是节目在传媒方面的价值，一个好的节目，一个在艺术上有价值的节目，是必然要担负教育与宣传的作用的，教育与宣传有多种手段，是大声疾呼、直抒胸臆，还是冷静的客观的传播科学精神，我们选择了后者。第三，是社会层面的价值，在这个层面更多体现的是一种认知的价值，科学本身就是一种旗帜鲜明的态度，去伪存真，求真务实，实事求是，将科学的精神与态度潜移默化地向观众浸淫，自然而然地便是社会价值的收获。而这一点，我以为恰恰是当下我们民族精神中最缺失的。

现在，让我们来回答一开始提出的问题，我们怎样将这些理念奉献给观众朋友呢？也就是说，披上一种什么样的外衣能够令观众朋友们可以认真地、快乐地收看我们的节目呢？我们把注意力转向人类的原始天性之一——游戏的欲望。人类的天性中有一种对游戏的渴求，说到底，它是我们人类共有的基因。这是因为游戏本身就是一种磨砺认知、宣泄情感的过程，像小孩子的"藏猫猫"、"找宝藏"，电脑游戏中非常流行的"找不同"、"挑错"，甚至文字游戏"按空填字"，它们的共同魅力都来自于通过发现赢取快乐。作为一档节目，我们所做的就是通过电视手段将这种游戏的魅力释放出来，在发现的过程中，我们和观众共同挑战未知，寻找真相，破解谜团，猜想缺环。也许正是因为这个节目满足了观众朋友们潜意识中游戏的欲望，它才能够拥有一大批忠实的观众群。如果说《发现之旅》有什么样的秘密，这大概就是它最终的谜底吧。

随着《发现之旅》的不断播出，这个节目也得到了社会各界越来越多的关注和肯定。两年多来，《发现之旅》获得了国内国际等三十多个奖项，几乎囊括了国内纪录片的全部大奖，《发现之旅》所开创的纪录片模式更成为国内多个纪录片栏目的模仿目标，已经有同行称这种现象为"科影现象"。作为节目的母体，北京科学教育电影制片厂已经有45年的科教片摄制历程，超过1400部科教影片的制作，其中一百多部影片更获得国内及国际的大奖。今天，全厂有300多名中高级职称的科教片制作人员，每年为中央电视台提供超过300个小时的科教节目，并不断有优秀的作品进入国际主流市场发行播放，这些都证明一档节目的成功决非偶然。在媒体竞争激烈、样式层出不穷的时下，《发现之旅》走过的是一条与众不同的成功之路，它是最合适的团队+激情+努力的完美组合，姑且把这些也称为一个秘密吧。

《发现之旅》开播已经3年了，3年的时间里，这个栏目培养了很专业化的制作队伍，栏目前后期共有三十多名制作人员，他们在工作岗位上也越来越有"感觉"。看着他们提着前期设备奔赴祖国各地，又因为忙于后期而身影匆匆的时候，总有一种自豪的情感油然而生。"新丰美酒斗十千，咸阳游侠皆少年。相逢意气为君饮，系马高楼垂柳边。"他们是一群平均年龄刚刚三十出头的年轻人，正是这些忘我的青年，寄托着科影的未来，同时也寄托着科学纪录片的未来。

2005年4月

目 录

CCTV

天之初

对宇宙的认识，是人类苦苦追索的最古老的命题之一。

宇宙，无边无垠，永恒存在——这是伟大的科学家牛顿为我们描述的世界。

20世纪初，爱因斯坦发现的相对论成为近代宇宙学的开端。奇怪的是，相对论揭示了一个运动着的宇宙，这与当时的实验观测背道而驰。但是，仍然有科学家坚信相对论描述的宇宙，这一谜底，终于因为哈勃对星系红移的发现而真相大白——我们的宇宙在膨胀。作为一个严谨的科学家，爱因斯坦勇于承认自己的错误，膨胀的宇宙终成定论。

然而，宇宙为什么会膨胀?它将向哪里去?这些疑问，不是哪个时代能解答的问题。

时光进入到20世纪下半叶，又有两个发现震惊了世界：一对年轻的射电天文学家发现了奇怪的信号，原来是宇宙起源时的创世回声。信号是宇宙开端后留下的剩余温度，这两个人为此得到了诺贝尔奖；在NASA的帮助下，一颗叫做COBE的卫星上天，它找到了茫茫宇宙中的温度差异，那是星系得以形成的前提条件。于是，科学得出结论，我们的宇宙起源于一次爆炸。

有始的宇宙会不会有终?人类的命运是不是上天注定的?

宇宙的故事还远远没有结束……

漩涡星系

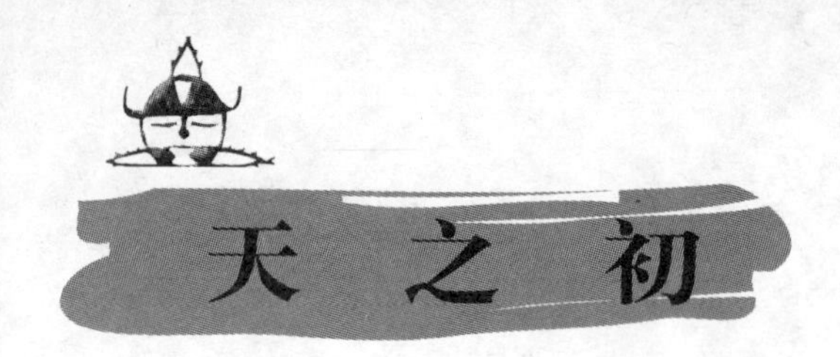

天之初

1. 求索茫茫的星云

我们仰望天空，日复一日，年复一年，月亮落山以后，满天星斗似乎永远一成不变。宇宙，无边无垠，永恒存在。这也是伟大的科学家牛顿为我们描述的世界。

但是，宇宙真的是无边无垠，无始无终的么?

20世纪初，一位犹太青年发现了一个震惊世界的理论，他说："空间与时间本为一体。"

这位青年叫做阿尔伯特·爱因斯坦。当时的他一头黑发，英俊潇洒。他的理论深奥晦涩，但是却有一个极其响亮的名字："广义相对论"。

令他意想不到的是，他的这一发现改变了人们对宇宙的传统理解。

广义相对论是有史以来最大的奇迹之一，它犹如普罗米修斯盗给人类的火种，点燃了世界的智慧。

即便是它的发现者爱因斯坦，也未必能够全部解释自己的理论。

然而，他的理论却为另一个人提供了观察宇宙的新视角。他名叫乔治·勒梅

20世纪初爱因斯坦发现了广义相对论

NASA (the National Aeronautics and Space Admistration)

美国国家航空航天管理局。成立于1958年，主旨是依靠民间力量来计划、管理及研究，并以发展太空和平用途、国际间合作和人类福祉为目标。因是民间机构，所以一般地方机关、州政府及民间私有事业均可分享其成果。1969年它首次将人类送上月球，创造了历史。

特，是一位比利时人。他是虔诚的牧师，同时也是附属于教会的天文学家。

他常说：“主啊!我对您没有一丝一毫的不敬。但是我不能抗拒数学对我的吸引。”

在推导爱因斯坦广义相对论方程时，勒梅特得到了一组解。令他不解的是，这些结果表示，宇宙看上去是在运动的。这种运动不是膨胀就是收缩。根据自己的宗教直觉，勒梅特认为，我们的宇宙在膨胀。

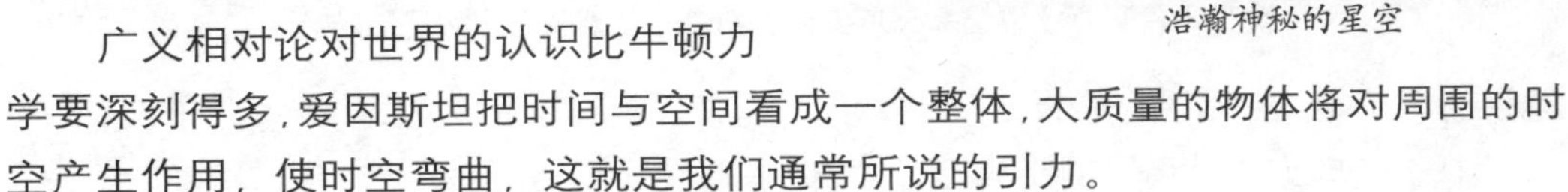

浩瀚神秘的星空

广义相对论对世界的认识比牛顿力学要深刻得多，爱因斯坦把时间与空间看成一个整体，大质量的物体将对周围的时空产生作用，使时空弯曲，这就是我们通常所说的引力。

在整个宇宙范围里，物质与物质之间的时空都会产生引力的效应。于是，广义相对论揭示，宇宙应该因为引力而收缩。

但是，宇宙也许还有另一种形态，当宇宙因为一种神秘的力量开始运动起来时，如果动力大于物质之间的引力，宇宙就会膨胀。

然而，相对论的发现者爱因斯坦却不这样看，他的宇宙观与牛顿的大同小异。

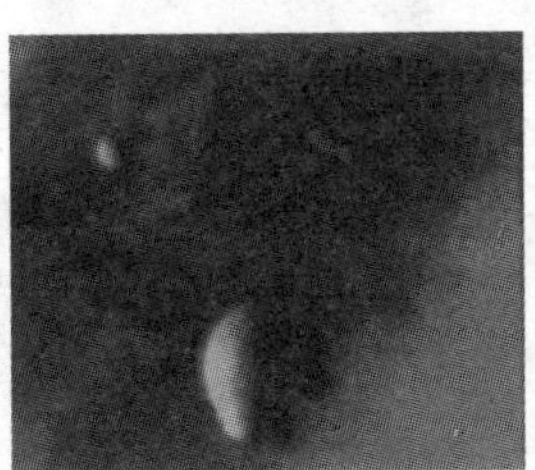

从宗教的角度看，勒梅特认为宇宙在膨胀

阿尔伯特·爱因斯坦（Albert Einstein, 1879～1955）

20世纪最伟大的物理学家。他以其相对论而最为世人所知，即1905年提出的狭义相对论和1915年提出的广义相对论（即引力定律）。1921年，他因发现光电效应定律获诺贝尔物理学奖，1926年因在布朗运动研究方面的成就获诺贝尔化学奖。

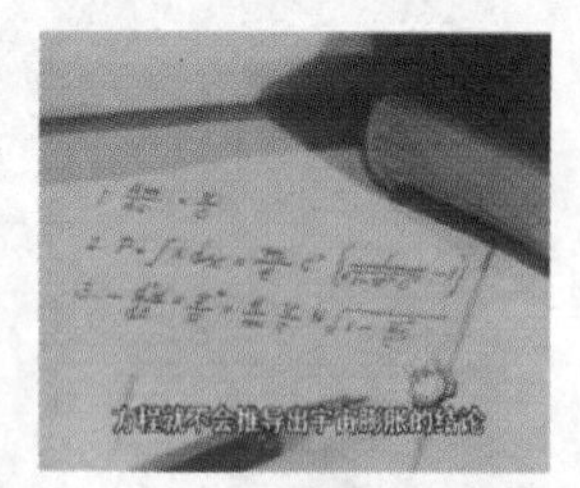

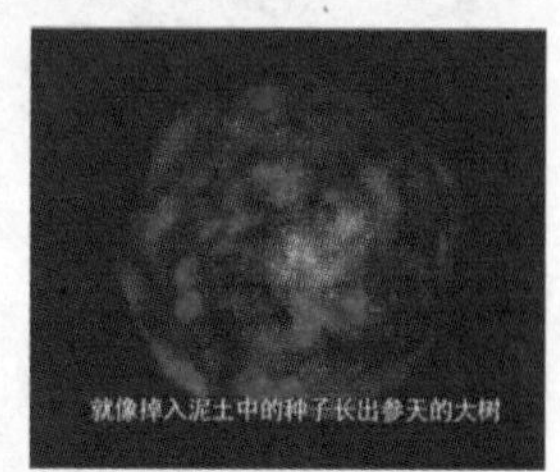

爱因斯坦认为宇宙是永恒不变的，而勒梅特则认为宇宙是运动的

他认为，宇宙是永恒不变的。

1917年以前，我们的宇宙看上去有些羞涩。

人类还没有发明大型望远镜，无法直接观测宇宙巨大的躯体。

这时，夜空中许许多多像气体云一样的东西无时无刻不在困扰着天文学家们。难道云中真有雕梁画栋，有神仙在其中高歌饮酒？在亿万颗星光的光辉中，没有人知道答案是什么。

于是，天文学家们认为，银河系就是宇宙的全部，它看上去安静宁和，没有任何迹象表明宇宙在运动。

但是，爱因斯坦也发现自己处在一个矛盾之中，即广义相对论的宇宙运动说和宁静的星空并不相符。假如宇宙是在运动的，那它的原动力是什么？它又将去向哪里？

于是，爱因斯坦对自己引以为荣的方程产生了怀疑，他的广义相对论是不是并不完善呢？

20年代初，爱因斯坦重新审视广义相对论方程，认为其中一定有某些错误需

乔治·勒梅特（Georges Lemaitre, 1894～1966）

比利时天文学家。他于1927年提出宇宙的诞生源自“宇宙蛋”的爆炸。宇宙蛋向外爆炸的力量，抵消了把星星向内拉的重力。

要改正。于是，他在方程中加入了一个附加的因子。新数值加入后，方程就不会推导出宇宙膨胀的结论。爱因斯坦松了口气，在他心中，宇宙重新成为永恒不变的了。

然而，与此同时，那位想像力异常丰富的牧师勒梅特仍然坚持宇宙运动的看法。他认为，在创世之初，现在宇宙中的全部物质都集中在一个仅仅比太阳大一些的球里，它不断地长大，膨胀起来，就像掉入泥土中的种子长出参天的大树。他把这时的宇宙称为“原始原子”。

这几乎是一个无法理解的宇宙模型，太阳与宇宙相比就好像大海中的一滴水，它怎么可能从一个只比太阳大一点的球中“长”出来呢!勒梅特的宇宙膨胀理论并没有得到实际观测的印证。但是教会却很赞赏勒梅特的工作，他们似乎从中看到了上帝的影子：宇宙存在着开端，是《圣经》中对“创世之初”近于完美的解释。宗教又一次介入了科学，但是来自于教会的掌声并不能从科学的角度印证宇宙在运动。

上世纪的20年代末，一个出生于密苏里州的美国人登上了天文史的舞台。

埃德温·哈勃是牛津大学法学博士，在毕业回家的路上，他忽然间突发奇想，动身赶往加州的威尔逊山天文台。哈勃认定了一生的方向，他要在那里探寻星空的秘密。

埃德温·哈勃（Edwin Powell Hubble, 1889～1953）

美国杰出的天文学家。星系天文学的奠基人，观测宇宙学的开创者。他于1925年提出了根据星系结构来对星系进行分类的重要方法，是一次创举。他提出星系红移速度与距离之间的线性关系被命名为哈勃定律。这为宇宙膨胀提供了观测证据。

爱因斯坦与哈勃在威尔逊山相会

威尔逊山，是天文学家的世外桃源。

这里刚刚建成世界上最大的天文望远镜胡克号，它是迄今为止第一台真正意义上的大型望远镜，操作它可以看到5 000英里外微弱的烛光。哈勃总是祈祷晴朗无云的夜晚来临，在空无一人的山顶上，他似乎能听到那深邃的宇宙中微弱的心跳声。

1924年，哈勃把胡克号望远镜指向了邻近的一片星云。在只有1.3厘米宽的照相底片上，哈勃发现，那迷雾般的云团是数以亿计的恒星。这就是后来人们津津乐道的仙女座星云，它是一个像我们银河系一样的星系。

消息震惊了世界，哈勃的发现揭示了一个全新的天地。从前我们自认为了不起的银河系，原来只是宇宙中的一颗尘埃。宇宙之大，远远超乎我们的想像。

此后的10年间，有越来越多的星系被哈勃发现。在长期对这些星系拍照的底片上，哈勃惊讶地发现，所有星系的光都向光谱的红端移动，根据多普勒效应，当发光的星体靠近我们时，它发出的光就会向光谱的蓝端移动，反之，如果发光的星

阿波罗17号太空船所摄的地球照片

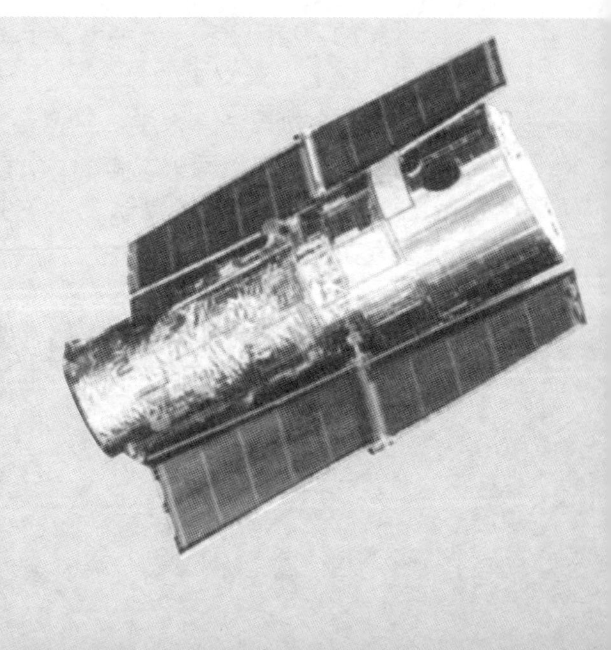

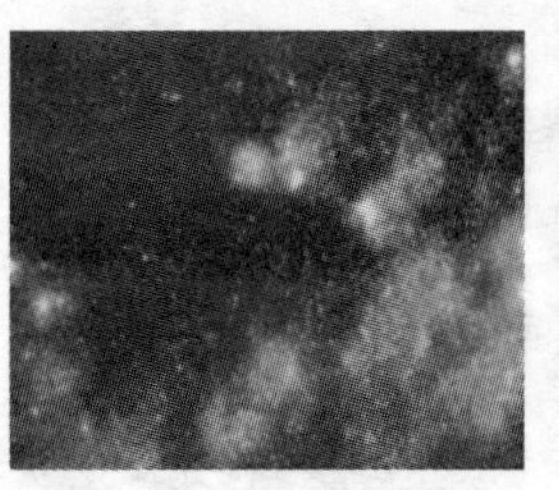

爱因斯坦说勒梅特的理论是他一生中听到的最美好的演讲

体在远离我们，就会向红端移动。

在这个疯狂的宇宙里，所有的星系都在离我们远去。

宇宙在不停地膨胀!

宇宙膨胀的观点，轰动了整个世界!哈勃的实验观测给了勒梅特理论以有力的支持。

令人不解的是，勒梅特宇宙膨胀的理论来自对广义相对论的推导，可是，爱因斯坦却一直认为宇宙是永恒不变的。到底，真相是怎样的呢?

1931年，爱因斯坦应邀访美，在这次忙碌的旅程里，他提出要去一个日程表之外的地方。火车带着爱因斯坦横贯美洲大陆，在南加州怡人的季节里，爱因斯坦与哈勃在威尔逊山相会了。

在哈勃的帮助下，他第一次用胡克号看到了宇宙的深处。

几天后，爱因斯坦应勒梅特的邀请来了加州理工学院，他们俩将联合在这里做一次演讲。

这一天的演讲座无虚席，这两位伟大的科学家对宇宙存在的方式有异议，会不会发生激烈的争论呢?

在演讲中，勒梅特一步步地陈述了他的“原始原子”概念。他显得非常紧张，只是不厌其烦地展示着整个的数学推导过程。勒梅特说，广义相对论是一个完美的理论，爱因斯坦完全没有修改的必要。

当他的演讲结束后，人们在期待着爱因斯坦的反击。

然而，令勒梅特几乎不敢相信自己耳朵的事发生了，爱因斯坦站起来并大声说，勒梅特的理论是他一生中听到的最美妙的演说，这令他改变了宇宙是永恒的观点：我们的宇宙是在运动着的，而且在不断地膨胀。

那么，我们由此会问：如果宇宙在膨胀，那它是怎样开始的?这种膨胀会不会有结束的一天?

霍依尔客串的天文节目创下了收听纪录

那些秘密，就隐藏在茫茫的星云之中。

2. 追寻宇宙演化之谜

人类自古以来就关心有关宇宙的问题。宇宙到底有多大？它有没有起点？又会不会终结？这些谜团一直吸引着世世代代的人们。

第二次世界大战快要结束的时候，一个年轻的科研人员从海军部退役。他离开的那一天，许多人都恋恋不舍。这是个出色的小伙子，在德国空军入侵英国的时候，他研制改装的雷达帮助英军打下了许多纳粹的飞机。

几天后，这个叫做弗里德·霍依尔的年轻人来到了剑桥大学，此后的几十年，他都在剑桥从事天文学的研究工作。

相对于二战中激烈的战场，40 年代初的天文界显得过于平静。

哈勃根据观测确认宇宙在膨胀。然而，宇宙为什么会膨胀？没有人能够解释。

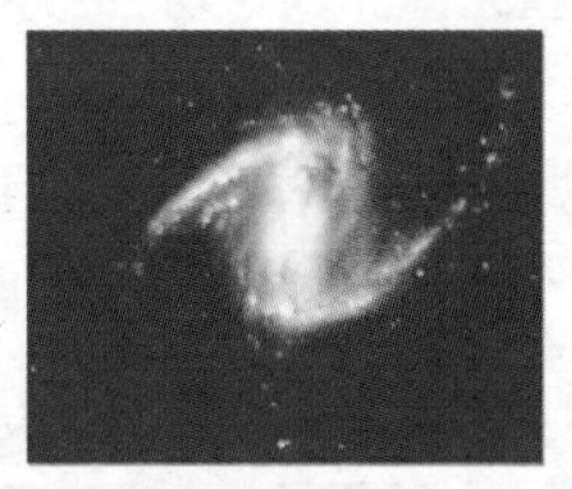

伽莫夫提出了宇宙起源于一次巨大的爆炸

弗里德·霍依尔（Fred Hoyle, 1915～2001）

英国天文物理学家、科幻作家。他提出宇宙稳恒态论（Steady State），认为宇宙虽在膨胀，但宇宙可以从一个尚不知晓的地方不断产生新物质，以填补宇宙膨胀留下的空间，使宇宙的平均密度保持不变。此假说并无充分的事实依据，但因它既能解释宇宙膨胀的这个事实，又表明宇宙不需要有个开始，因此立即获得科学界的广泛支持。

阿波罗15号月球车

不久，在BBC电台的常规节目上，有人提出了一个全新的宇宙模型，这使战后相对平静的世界大吃一惊。这个人就是霍依尔，他客串主持的天文节目创下了收听的高峰，人们的好奇心被激发到了顶点。

霍依尔说，我们看到的仅仅是宇宙膨胀的一部分，也许在我们视线之外的宇宙正处于收缩的状态中。这就像装满开水的大锅，其中包含了不同局部的膨胀和收缩。他的这个说法被称为宇宙稳恒态理论。

稳恒态理论的产生来源于宇宙膨胀说，但是霍依尔似乎不能解释这样的事实：

乔治·伽莫夫（George Gamov, 1904～1968）

理论物理学家、天体物理学家。他早年在核物理研究时，提出“隧穿理论”解释了重元素的α衰变过程。他又在宇宙学上同勒梅特一起提出宇宙生成的“大爆炸”理论，在生物学上首先提出“遗传密码”概念。他还是一位杰出的科普作家，代表作有《从一到无穷大》。

在充满着强大引力的宇宙里，是什么抗衡着引力而使宇宙不断地膨胀呢？宇宙在开始膨胀前必须有一次巨大的能量作用，它会是什么呢？

1948 年，一个听起来相当疯狂的宇宙模型问世了。

一位叫做伽莫夫的俄裔美国人说，宇宙产生于一次巨大的爆炸。他说，在爆炸前，宇宙只是一个点。它体积无限小，密度无限大。爆炸后，它便以不可思议的速度膨胀起来。物质就在这个空间中产生，也只有这样巨大的爆炸，才能形成我们今天的宇宙。

伽莫夫的理论又让世界大吃一惊，这令许多希望宇宙是永恒的人接受不了。因为接下来就会产生一个很难解释的问题：宇宙将向哪里去呢？它有开始，会不会

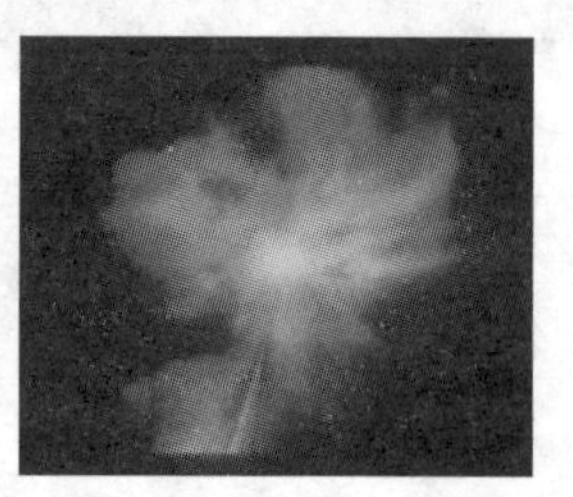

一个意想不到的发现打破了两种宇宙模式的均衡

有结束呢？

但是，这个听上去有点匪夷所思的说法却很好地支持了宇宙在膨胀的观点。在科学史上，经常有异端邪说最终成为真理的事例，所以，很多人将信将疑。

如果宇宙起源于一次大爆炸，那它的证据在哪里呢？

伽莫夫不能证明自己的理论，但是他留下了一个预言：假如宇宙产生于一次大爆炸，那么，即使在今天，也应该会有残余的热量存在。热量均匀地分布在宇宙的各个角落里，只是当时的科技手段探测不到。然而，要到哪里去寻找这些热量呢？

1956 年的夏天，霍依尔去加州理工学院访问的时候，突然接到了伽莫夫的电话，这两位对宇宙起源持不同观点的科学家终于见面了。

彭齐亚斯和威尔逊

彭齐亚斯（Arno A. Penzias, 1933～　），德裔美国物理学家，R. W. 威尔逊（Robert W. Wilson, 1936～　），美国射电天文学家。他们使用无线电天线改造的射电望远镜首次接收到宇宙微波背景辐射信号，成为宇宙起源大爆炸学说的有力证据，并于 1978 年共同获得诺贝尔物理学奖。

他们像老朋友一样海阔天空地讨论，各抒己见，同时又被对方深刻的观察力所折服。但是，在宇宙起源问题上，他们谁也没能说服谁。

可是，宇宙真的起源于大爆炸么?相信者信誓旦旦，反对者也理由充分。就像当时天文界流行的一个笑话：当两个天文学家开始准备研究宇宙起源时，他们会走进一家小酒馆，要上两杯啤酒边喝边聊。然而，往往都只是不切实际的空谈。

十几年后，在宇宙间这颗微不足道的星球上，一个意想不到的发现打破了两种宇宙模型论的均衡态势。

1964年，美国新泽西州的克劳福德山上，贝尔实验室的两位射电天文学家彭齐亚斯和威尔逊正在把他们的牛角状天线改装成世界上最大的射电望远镜。

库比卫星找到了遍布宇宙的微弱温度差

令人不解的是，他们总是记录到一种奇怪的噪声。

他们改变了望远镜的角度，噪音依然存在。

那一年冬季，他们彻底打扫了天线的卫生，修补了天线的裂痕，可是那恼人的噪音还是挥之不去。

有一次，停在树上的鸽子却似乎向他们暗示了些什么。

会不会是天线里的鸽子窝干扰了天线呢?于是彭齐亚斯爬进天线，小心翼翼地搬走了鸽子窝。

这一次应该万无一失了，他们大大地松了一口气，回到工作室，接通电路。可是，噪音就像魔鬼缠身一样，还是甩不掉!

阿基米德（Archimedes,前287～前212）

古希腊哲学家、数学家、物理学家。他最著名的发现是浮力和相对密度原理，即以阿基米德原理著称于世。在几何学上，他创立了一种求圆周率的方法，即圆周的周长和其直径的关系。他曾有句名言：“给我一个支点，我就可以撬动地球。”

令彭齐亚斯与威尔逊意想不到的是，他们千方百计想清除的噪音，正是许多天文学家苦苦寻觅的宇宙残余温度，这种温度均匀地遍布在宇宙的各个角落，这与伽莫夫的预言惊人地相似。

两个打扫鸽子窝的人为此意外地获得了1978年的诺贝尔物理奖，这令许多科学家不免有些酸溜溜。有人说，这个奖应该发给预言有剩余温度存在的伽莫夫。因为在当初，这两个人甚至都不知道他们发现的是什么。

真理的天平似乎向大爆炸理论倾斜了，宇宙中遍布着均匀的剩余温度，说明早期的宇宙曾经极度炙热，如此说来，宇宙真的发生过一次大爆炸。

但是霍依尔不承认自己的失败，他说，如果宇宙间所有的地方温度都是均匀的，那么粒子根本不可能聚合，也就不可能形成星云，更不可能产生恒星。

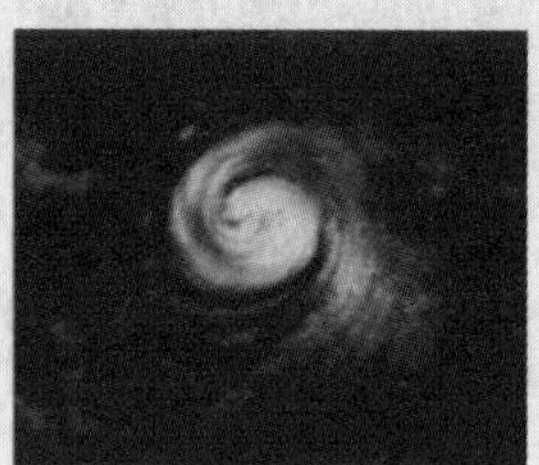

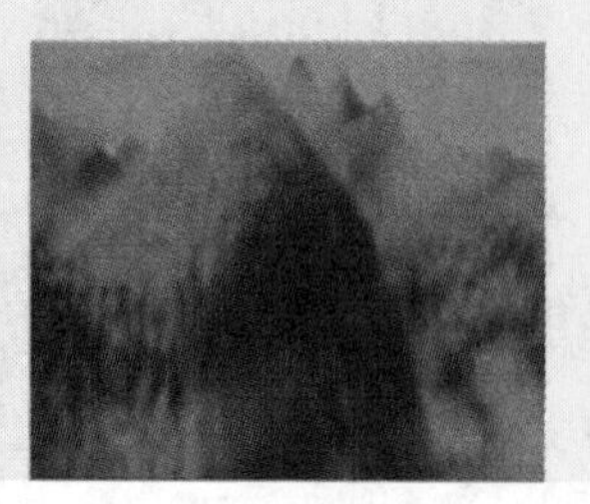

在宇宙爆炸前宇宙只是一个点

这对大爆炸理论又是一次致命的挑战。宇宙到底是稳恒不变的，还是产生于大爆炸呢?

面对这一挑战，大爆炸理论的支持者开始努力寻找宇宙剩余温度背后的微小变化。如果宇宙真的产生于大爆炸，那么其中必然会存在着一定量的温度差。

1989年，万事俱备。

一颗名为“库比”号的卫星发射了，它携带着寻找宇宙温度差的艰巨任务。

两年后的一天早上，课题负责人斯姆特在办公室桌上发现了一张计算机图样，这张图上还贴有一张写着“EUREKA”字样的纸条。

这是一个典故，据说当阿基米德发现关于浮力的原理时，曾高喊着“EUREKA”，意思是“我找到了”。原来库比卫星已经找到了遍布宇宙间的微弱温度差异。

这个差异，只有一度的十万分之一。但是，这一点点温度差就可以使早期宇宙爆炸后产生的粒子聚合起来，形成今天的宇宙。

于是，所有的证据都指向一个振奋人心的结论：宇宙起源于一次大爆炸!

大爆炸理论家为我们描述了这样的宇宙开始。

最初，在大约一百四十亿年前，宇宙只是一个点，在它爆炸之后，温度在100亿度以上。此时，宇宙间只有一些基本粒子。宇宙不断膨胀，温度很快下降。当温度降到10亿度左右时，重氢、氦等化学元素开始形成。这一过程只有3分钟，学术界称为宇宙的最初3分钟。温度进一步下降到100万度后，形成化学元素的过程结束。当温度降到几千度时，辐射减退。宇宙间存在的主要是气态物质，气体逐渐凝聚成气云，再进一步形成各种各样的恒星体系，成为我们今天看到的宇宙。

当人们解开宇宙起源之谜时，随之而来的问题是：宇宙的膨胀会不会有终结的一天呢?科学界还没有定论，一种说法认为宇宙会永远不停地膨胀下去，直到爆炸时的温度消失，成为冰冷死寂的世界。还有一种说法认为宇宙不仅会在某一天停止膨胀，还会开始收缩，直到收缩成当初爆炸前的那一点。

宇宙的命运只有两种，不是冰冷死寂的世界就是燃着炼狱之火的地狱。虽然这样的结果还远在100多亿年之后，但是，想到那样的情景，人类是不是会不寒而栗呢?

（段鸣镝）

月球太空船

蟹状星云巨大壮丽，和我们同在银河系内的一角，20 世纪初它引起了一个美国人的兴趣。艾得文·哈勃，他的一生就像一部写得夸张的剧本——成功的运动员、法律专家、著名篮球教练，而他的天文发现，则让他达到了名誉的顶峰。

深空猎星

1. 哈勃的发现

1928年哈勃把他的望远镜指向了蟹状星云，并拍下了一张照片。当他把这张照片和十年前的那一张做对比时，惊讶地发现蟹状星云在膨胀，按照这样的膨胀速度推算回去，哈勃来到了900年前的一个点，那时按宇宙尺度离我们很近的地方，曾经发生过一次极为猛烈壮观的爆炸。在欧洲900年前的历史记录中，找不到任何目击者的文字为证据，这是因为中世纪宗教压制的结果。900年前正是中国的北宋，在喜欢记录历史的中国人眼前，突然出现一颗新来的星星，它光芒四射亮到夜里可以看书，甚至白昼的天空也压不住它的辉煌。一些不知名的天文观察者连续做了长期的观测记录，可惜随金兵的入侵记录大多散失了，但是透过一些片段的文字，哈勃认定这就是那次大爆炸，一颗超新星的壮烈爆发。

太阳哺育着大地万物，但是再过40～50亿年，它也会寿终就寝。一颗比太阳大八倍以上的恒星，在它燃烧尽时巨大的质量使它向核心塌缩，然后又猛烈地爆发，向四面八方抛射出自己岁月的“尸体”，最终暗淡下去。它的光芒会在极短的时间内达到一个星系的亮度，这是恒星临死前的最后演出。超新星的爆发创造了宇宙中比铁重的元素，回首人类青铜器和铁器时代，可以说超新星在某种程度上塑造了我们的历史，在茫茫宇宙中超新星就像万家灯火中一盏即逝的萤火很难发现。

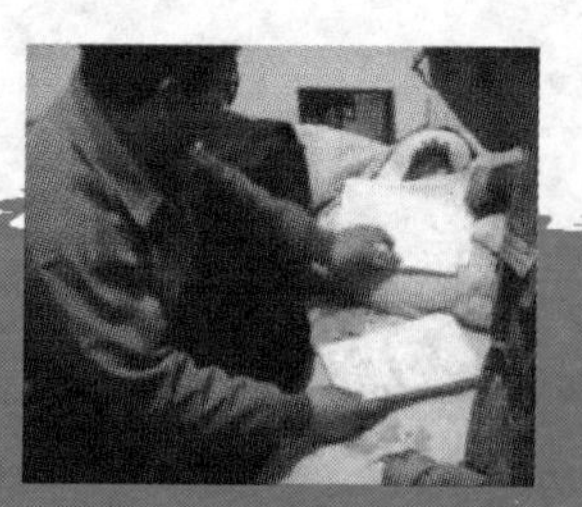

科学家们一直致力于发现更多的宇宙奥秘

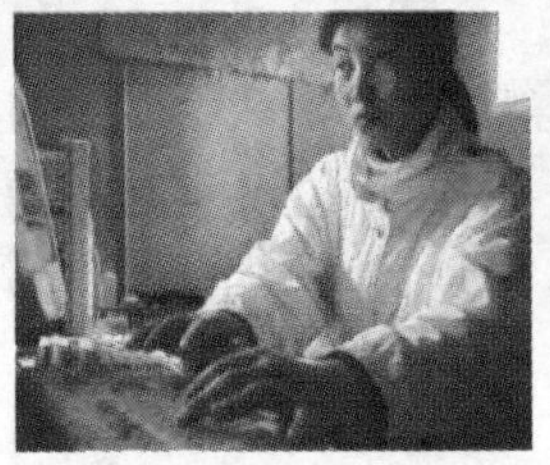
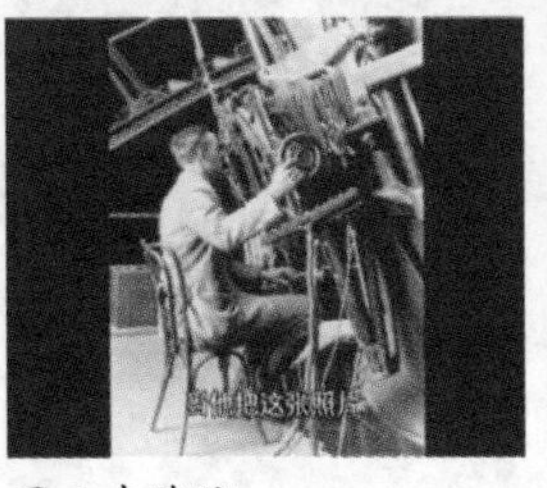

哈勃发现蟹状星云在膨胀

2. 中国人改写了历史

天文学家们整夜地守在望远镜旁，一个天区一个天区地拍摄照片，严寒酷暑从敞开的圆顶侵入室内，渗进骨髓。绝大多数超新星都非常遥远暗淡，要经过长时间的曝光，才能在照相感光片上留下痕迹，这是一个散发着溶液酸味的艰苦工作。近代以来没有一颗超新星是中国人首先发现的。1996年在北京天文台兴隆观测站，历史被几个年轻的博士改写了，这时的天文观测技术有了长足的进步，望远镜下面安装的已经不再是照相机，而是一块非常灵敏的计算机芯片，它把新星图像通过光缆送到圆顶旁的一个房间内，尽管圆顶外北风刺骨，天文学家们仍可以在温暖的小屋里喝着咖啡工作，望远镜由计算机控制自动寻星，博士们编写了计算机程序，可以在星空图像中以极高的效率寻找超新星，这一创新让北京天文台举世瞩目，一段时间内成为世界上发现超新星最多的天文台。

太阳落山时观测助手就先一步来到圆顶下做好准备，她把望远镜对准一颗星，为整个系统定下观测坐标，等天黑了再开始观测。天黑后李卫东博士和他的助手开始了每夜例行的全天观测，一晚上要向星空中不同的区域拍摄五六百张图像，期待着有颗超新星，能落在他们的计算机屏幕上。

第二天早上9点，李卫东打开计算机，他要检查昨晚拍的星系图像，看看有没有超新星的踪影，计算机把昨晚和以前拍摄的星空图像精确地重叠起来，迅速去

李卫东在描述恒星“临死前”的“最后演出”

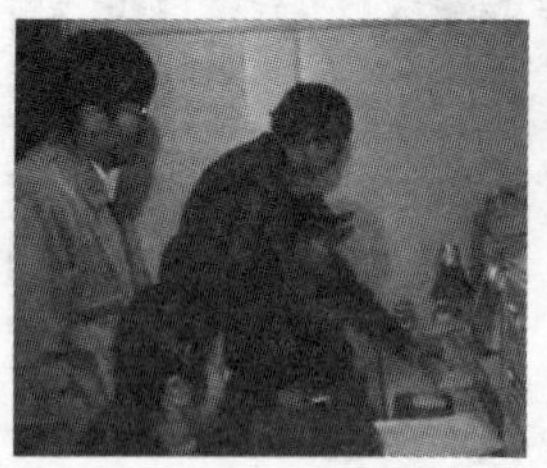
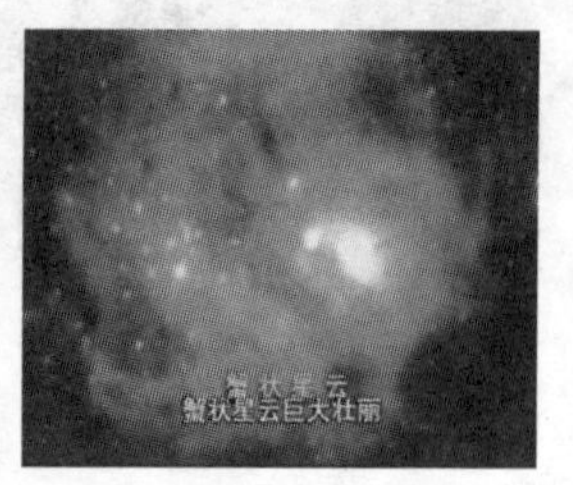

日暮，科学家们在探测蟹状星云

掉那些已知的天体，剩下的一些不速之客可能是小行星或者是彗星，也可能就是超新星了，所以发现超新星的过程就在早上9点到12点之间。

李卫东博士说：“对我们来说，特别是昨天晚上天气比较好，就希望赶快再看看昨天晚上的结果，看里面有没有多了一颗超新星，有超新星赶快今天晚上接着观测。要是有超新星的话就赶快发（报）出去，基本上就是这样，经常是带着希望坐在计算机前，带着失望离开计算机。”中午一个清晰的亮点引起了李卫东的注意，这是不是一颗刚刚亮起来的超新星呢，或许只是一颗过路的小行星。今天晚上是个决定性的时刻，李卫东要对着这颗可疑的星星再拍一张照片，小小的观测室里挤满了人，观测站副主任魏晋晔也来了，图像就要出来了，如果那颗星星还在原处，就几乎可以肯定是颗超新星了。李卫东说：“今天我本来应该回北京的，早上就着急地粗看了一眼，看有没有什么可疑的亮点，发现这颗超新星很亮，非常亮，所以一下就能看出来。”夜色正浓，李卫东和魏晋晔沿着山梁匆匆地赶到一个巨大的圆顶下，这里有中国最大的一台光学望远镜，他们准备用它来获得这颗超新星的光谱。

正在这里观测的天文学家们都停止了工作。北京天文台有个规定，只要有新的发现就要用这台望远镜“1320”，这里的人都必须让位。天文学家能告诉我们遥远的天体有多重、是由什么组成的、它内部的温度和压力等等。实际上他们是靠分析星星的光谱知道的，每一种星星都有自己独特的光谱，光谱也是超新星的指纹，要确定李卫东的发现必须有光谱作证据。望远镜指向太空中，忙了一阵后计算机终于捕捉住那颗超新星了，这个小小的亮点就是那颗超新星。从它爆发的那一刻起，全世界只有我们这群人在注视着它，计算机要用20分钟，才能把它的光谱处理出来。可以预感到一个重要的时刻就要来临，李卫东看上去有点紧张，计算机已经在倒计时了。因为这个超新星还没有到最亮，就是还在爬坡，会越来越亮所以特别有研究价值。一般都是最亮的时候或是亮过了几天之后才发现的，这个（超新星）还没到最亮，还正在变亮，就被发现了。他们摸着黑又跑回李卫东的宿舍，核对光谱。查遍光谱很难把新发现的超新星归作已知的那一类，这令人异常兴奋。李卫东忽然想起还有一份光谱放在基地办公室里，那光谱属于一种极罕见的超新星，全世界到目前为止仅发现了一颗。

那晚发现的确实是一种极罕见的超新星，而且有着极高的研究价值，李卫东终于坐在计算机前，接通了国际互联网，他要向全世界通报这一重要科学发现，这是他们发现的第十三颗超新星。第二天清晨李卫东说，“在西半球所有同行的望远镜这时都指向了那颗超新星，银河系内的超新星爆发，平均400年大约有一次，现在离上一次爆发已经有400年了，我们这一代人很有可能看到一次壮观的超新星爆发。”

（廖烨）

灾难与梦想

大约300年前，一名叫万户的中国人在自己的身下捆上火药，准备飞向天空，在一声巨响之后，他被炸得粉身碎骨。

1957年10月4日，前苏联将世界上第一颗人造卫星送入地球轨道。1个月后，他们又将一只叫莱卡的德国牧羊犬送上了太空。

1961年4月12日，前苏联空军飞行员尤里·加加林成为来到太空中的第一人。

1967年1月27日，阿波罗4A飞船正在进行地面模拟实验，一条电路短路引发大火，3名宇航员全部遇难。

1969年7月16日，土星5号运载火箭将阿波罗11号飞船送上月球。后来，同样准备登月的阿波罗13飞船由于氧气泄漏，没有完成登月任务，但宇航员死里逃生的经历却成为航天史上的经典。

1986年1月28日，挑战者号航天飞机发射后不久爆炸，7名宇航员遇难。

2003年2月1日，哥伦比亚号航天飞机返航时解体，7名宇航员遇难。

从载人航天开始到哥伦比亚号的解体，人类已经陆续失去了25名优秀的宇航员，牺牲了数百位航天专家。但在灾难发生后的纪念会上，人们也总会重复同一句话：我们的太空之旅仍将继续。

1970年4月11日，美国“阿波罗”13号飞船发射升空

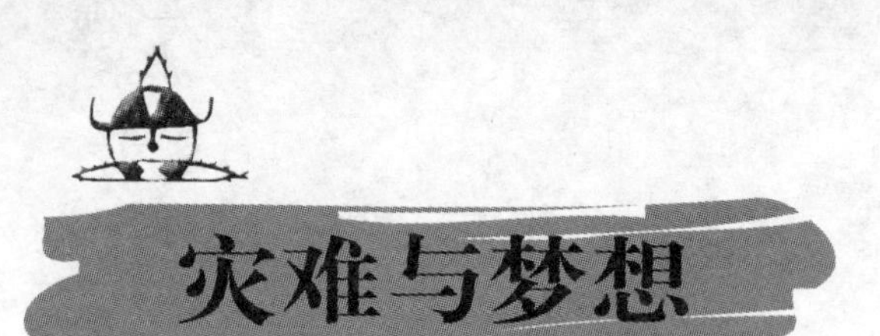

灾难与梦想

在月球荒寂的表面上，有一座叫万户的环形山，它的名字来源于一个中国人。

大约300年前，万户坐在椅子上，他在自己身下捆上火药，准备飞向天空，然而当他的徒弟点燃火药之后，他在一声巨响之中被炸得粉身碎骨。

万户这个看似愚蠢的举动，却成为人类一个永恒的梦想。

1. 白热化的竞争

1957年10月4日，在前苏联的一个秘密军事基地，一枚火箭呼啸着冲向太空。10分钟之后，世界上第一颗人造卫星被送入地球轨道。这一壮举被称为“十月惊奇”，它是人类进入航天时代的标志。

这颗叫做“斯普特尼克”1号的卫星在环绕地球时，会不停地发出“嘀嘀”声，当它经过美国上空的时候，这个简单的声音却成为一种恐怖的信号，美国和前苏联两国为发射第一颗卫星，已经暗中较量了10年，最后，前苏联迈出了关键性的一步。

仅仅几个月之后，美国就做出了它的反应，然而一系列发射均以惨烈的失败而告终。

世界上第一颗人造卫星被送入了轨道

斯普特尼克（Sputnik）

意为“旅伴”、“伴随者”。苏联科罗廖夫为首的研究小组在P－7导弹基础上改进并研制成功斯普特尼克号运载火箭。1957年10月4日晚，它携带着世界上第一颗人造地球卫星斯普特尼克1号在苏联的拜科努尔航天发射场发射成功，标志着人类航天时代的真正到来。

航天旅游的黑猩猩

前苏联火箭专家谢·科罗廖夫（右）为加加林（左）壮行

1957年11月，前苏联又将第二颗卫星送上了太空。在这颗卫星里，还专门腾出了一块空间，放入了一只叫莱卡的德国牧羊犬。

小狗莱卡的壮举，为人类进入太空铺平了道路。

美国人为自己的落后感到神经紧张，总统艾森豪威尔命令创建了一个新的太空机构NASA（美国国家宇航局），致力于太空计划的发展。

1961年1月，一只黑猩猩被带到美国航天基地。在懵懵懂懂之中，它便被宇宙神火箭送入了地球的椭圆轨道上，它乘坐的是美国新研制的水星号飞船，按照设计，飞船应该能够返回地球。

非常幸运，这只转晕了头的黑猩猩活着回来了，整个美国都为它而欢呼。

然而欢呼没有持续多久，前苏联人就开始了一个里程碑式的壮举。

1961年4月12日，空军飞行员尤里·加加林登上了“东方一号”飞船。他是从29名宇航员中挑选出来的佼佼者，即将踏上一次或许没有回程的太空之旅。

“东方一号”飞船顺利升空，加加林蜷缩在狭窄的飞船内，成功地进行了绕地球轨道的飞行。但当时大家都很清楚，更危险的挑战还在后面。

加加林成为人类来到太空的第一个，返回后，他受到了祖国暴风雨般热烈的欢迎。他在回忆那可怕的10分钟时说，一切都在翻腾，我活像一个芭蕾舞演员。

尤里·加加林（Yury Alekseyevich Gagarin, 1934～1968）

尤里·阿列克谢耶维奇·加加林。20世纪50年代，他成为人类的首个太空人。1961年4月12日，东方1号宇宙飞船载着他围绕地球108分钟完成一次完整的轨道飞行，这也是他进入太空的唯一一次旅行。7年后，加加林在一次试飞中机毁人亡。

  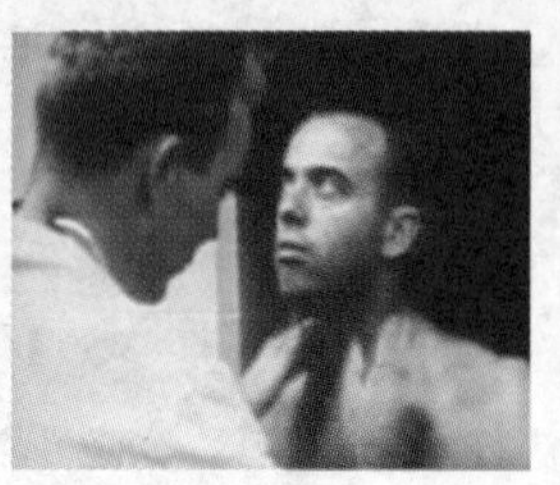 

美国和前苏联展开了登月竞赛

前苏联人的成功几乎就是美国人的噩耗，所有的工程师们日夜兼程，终于将美国的第一个宇航员艾伦·谢巴德送入了太空。但谢巴德进行的是一次轨道飞行，还是无法和加加林的轨道飞行相提并论。

当时的总统约翰·肯尼迪巡视了美国宇航中心，为了在下一次竞选中拔得头筹，他向国民发表了激昂的演说。

美国和前苏联两国不约而同地把方向都指向了同一个目标——登月。前苏联的计划由科罗廖夫领导，美国则是由布劳恩负责，他是二次世界大战时被俘获的一个德国人。他们手下都是航空界的精英，但注定会有一些人要为这项事业而牺牲。

在登月计划实施的头几年，前苏联依然走在了前面。1965年，前苏联宇航员列奥洛夫钻出飞船，进行了人类第一次太空行走。1年之后，前苏联又首先完成了遥控太空船——“月球9号”降落在月球上的壮举。

美国人加快了自己的脚步。他们下定决心，要在载人登月上抢先一步。

1967年1月27日，阿波罗4A飞船正在进行地面模拟实验，为3周后的载人飞行做准备。但就在这时，一个意想不到的灾难发生了。

2. 宇航员成为国家的英雄

悲哀的葬礼并没有阻碍登月计划的实施，宇航员们仍然争先恐后地要求加入下一次飞行，即使付出生命的代价也在所不惜。

约翰·肯尼迪（John F.Kennedy,简称JFK，1917～1963）

生于马萨诸塞州布鲁克来恩，就读于哈佛大学。二战时在海军服役，经历过太平洋战争。战后被选入国会。1952年当选为参议员。1960年险胜副总统理查德·尼克松，当选为第35届总统。1963年11月22日在得克萨斯州的达拉斯被刺身亡。

阿波罗4A飞船的意外并没有挡住人类登上月球的脚步

1969年7月16日，土星5号运载火箭矗立在美国卡纳维拉尔角发射中心，两名宇航员登上了阿波罗11号飞船。他们这次的目的地是月球，全世界都在关注着他们的一举一动。

全球约有4亿观众坐在电视机旁，观看着来自太空船的首次电视转播，他们和宇航员一样屏住呼吸，分享着每一个时刻。

当飞船顺利进入绕月轨道之后，登月舱和指挥舱分离，装有两名宇航员的登月舱小心翼翼地向月球表面飞去。

尼尔·阿姆斯特朗成为登上月球的第一人。不过，登上月球，他们只走完了路程的一半。

1969年7月20日，美国“阿波罗”11号宇航员奥尔德林在静海基地

在完成月球上一些象征性的工作之后，登月舱再次点火，和月球轨道中的指挥舱对接。

当飞船落入大海的时候，连尼克松总统也在船甲板上翘首盼望。3名宇航员注定成为国家的英雄，这一刻，连美国总统也只是一个小小的配角。

登月的成功鼓舞了志气，但也让人们误以为成功是很自然的事。当阿波罗13号飞船准备再次登月的时候，电视台

布劳恩（Wernher von Braun, 1912~1977）

德国火箭专家，著名的V1、V2火箭的总设计师。纳粹德国战败后，由于他是当时著名的火箭设计师，美国将他和他的设计小组带到美国。他移居美国后，任美国国家航空航天局的空间研究开发项目的主设计师，也是阿波罗4号计划的主设计师。

 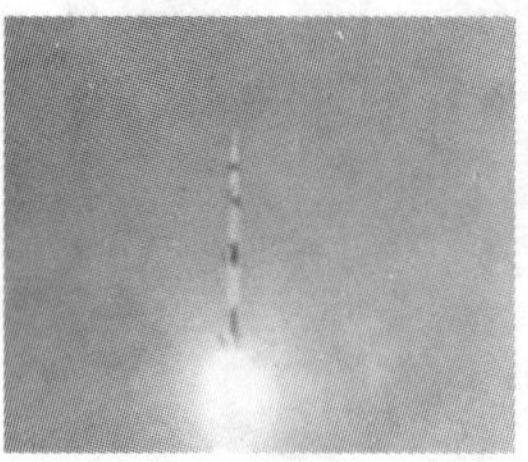  

阿波罗13号的命运牵动着所有人的心

已不准备转播，直到戏剧化的一幕改变了他们的决定。

3名宇航员乘坐阿波罗13号飞船，他们是精心选拔出来准备登月的。飞船在发射升空直到环绕月球轨道飞行时，一切均平安无事。但在一个不祥的操作之后，宇航员发现飞船正在泄漏氧气。

氧气的泄漏伴随着大部分的能量损失，为节约剩余的电能，一些操作系统被关闭，然而这一切并不能阻止情况的恶化。与此同时，宇航员的心理状态也出现波动，3人的心跳都在每分钟110次以上。

美国的电视节目都转向了对这次事故的直播，全世界的目光被吸引到了这里。

地面指挥中心不得已做出决定：放弃登月，准备返航。3位宇航员知道，他们这一生中不大可能再有第二次登月的机会，但即使立即返航，生存的几率也很渺茫。

航天器中变得一片死寂冰冷，这是在远离地球数千万千米的地方，他们孤独无助，听候命运的安排。

而在地球上的人们似乎比他们还悲观，已经有人开始举行悼念仪式。

这时地面指挥中心忙成一片，专家们一边在实验室里模拟自救，一边利用飞船上已有的材料组装了一个净化装置，然后将可行性方案传递给飞船。宇航员利用登月舱和这个净化装置，在没有计算机帮助的情况下，驾驶着航天器向地球返航。

阿波罗13没有完成登月任务，但宇航员死里逃生的经历却成为航天史上的经典。

 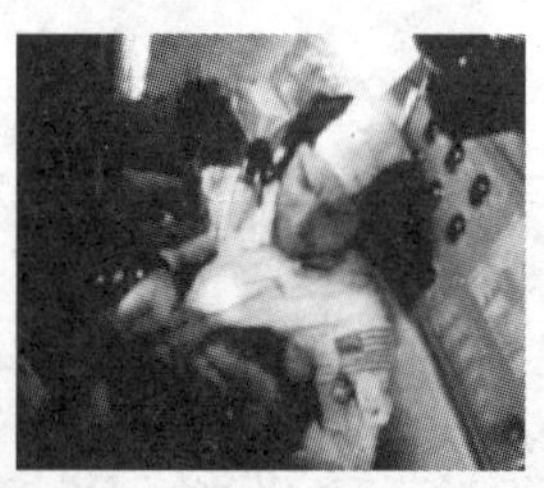 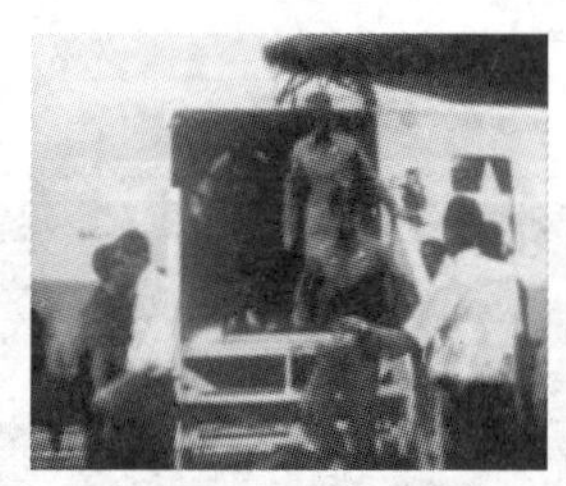 

宇航员死里逃生的经历成为航天史上的经典

3. 挑战者号爆炸

面对登月上的落后，前苏联放弃了载人登月的尝试，转而进行一项更加实用的计划——建造太空站。

这是一个在地球外空间轨道中运行的巨型仓库，宇航员可以在里面作长时间的停留，进行各项科学实验。为了克服在太空环境下的生理异常，宇航员在上天之前，都要在水箱中反复排练，以适应微重力的感觉。

继前苏联之后，美国也跟进了太空站的建设。为了能在太空和地球之间自由往返，他们开始制造一种能够重复使用的运载工具——航天飞机。

航天飞机是人类迄今为止建造的最复杂的设备，它包括250万个零部件，总重量达到200多万千克。

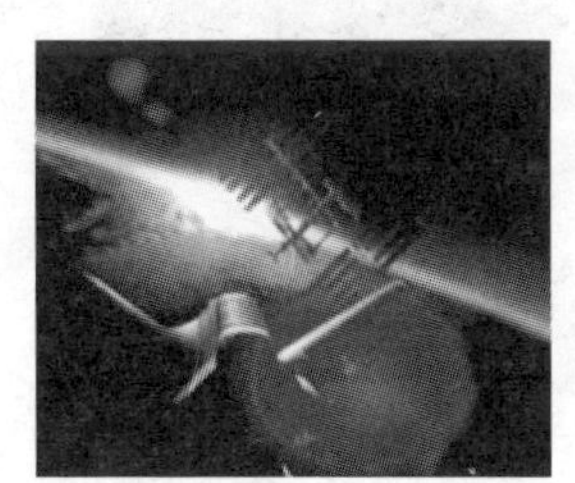

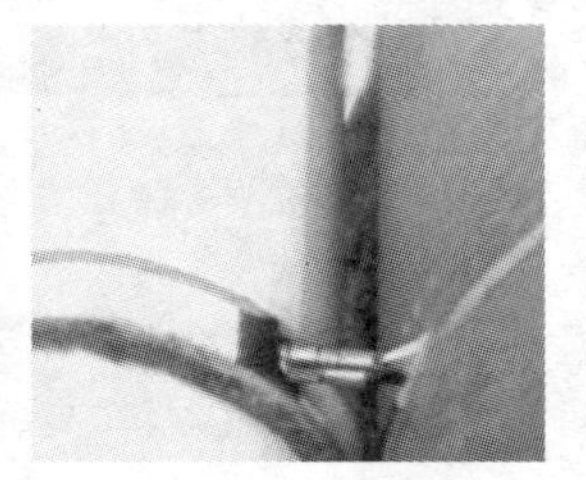

航天飞机是人类迄今为止建造的最复杂、最精密的设备

在发射时，航天飞机靠3个主要引擎和2个固体助推器产生动力，每秒钟消耗9吨燃料，以保证它在到达太空时的速度是子弹的9倍。

“挑战者”号航天飞机于1983年4月4日首次升空，曾出色地完成了数次任务，成为美国航空界的骄傲。但在1985年的一次发射后，负责火箭设计的工程师发现了其中的隐患。

火箭的助推器是分成几部分制造然后连接起来的，其连接处虽有牢固的钢圈，

阿波罗4A飞船

1967年1月27日，美国阿波罗4A飞船在发射台上进行登月飞船的地面试验。突然，充满纯氧的座舱起火爆炸，3名航天员当即烧死。如果这次地面模拟试验成功，这3名航天员将乘此飞船进入环地轨道飞行，以考验登月飞行的难度。

美国“挑战者”号乘员微笑着走向航天飞机，依次为史密斯、麦考利夫、奥尼朱卡、贾维斯

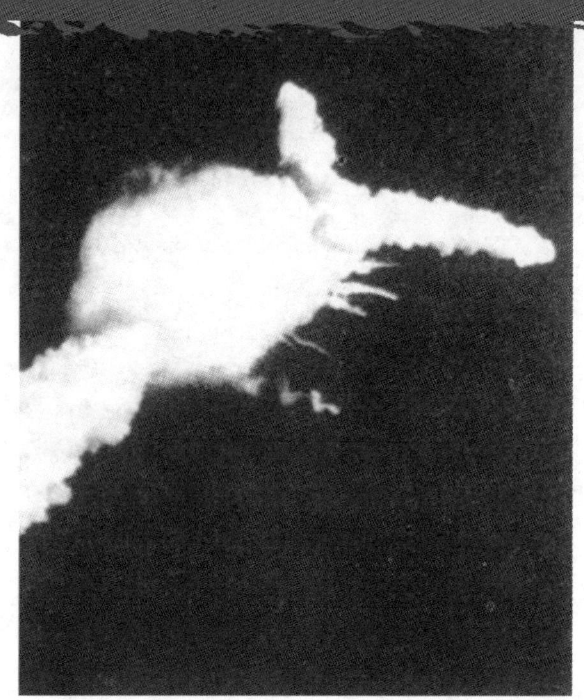

“挑战者”号凌空爆炸，在蓝天中化作白云

但在点火时，仍会被像气球一样“吹”起来，这就需要一种叫做“O圈”的橡胶带来弥合，以防止燃料泄露，否则固体火箭助推器就会爆炸。

工程师在对这次发射使用后的火箭检查时，发现“O圈”已经烧焦，幸运的是还没有完全失效。这次调查引起了宇航局的重视，“O圈”被列入需要认真检查的名单。

1986年1月28日，在美国肯尼迪航天中心凛冽的寒风中，“挑战者”号准备迎接它的第十次飞行。由于当时气温太低，上次负责调查的工程师认为发射必须延迟，因为低温正是造成“O圈”失效的主要因素，但经过一下午的辩论，发射指挥员还是开始了发射倒记数……

“挑战者”号在天空中拉出了一条尽善尽美的弧线，连持反对意见的专家也长长地舒了一口气说：“我们刚刚躲过了一颗子弹。”但他话音未落，悲剧便发生了。

尼尔·阿姆斯特朗（Neil Alden Armstrong，1930～　）

1969年7月21日格林尼治时间2时56分，航天员阿姆斯特朗将左脚踏到月球上，成为世界上第一个踏上月球的人，并说出了一句广为流传的名言：“这对一个人来说，只不过是小小的一步，可是对人类来讲，却是巨大的一步。”

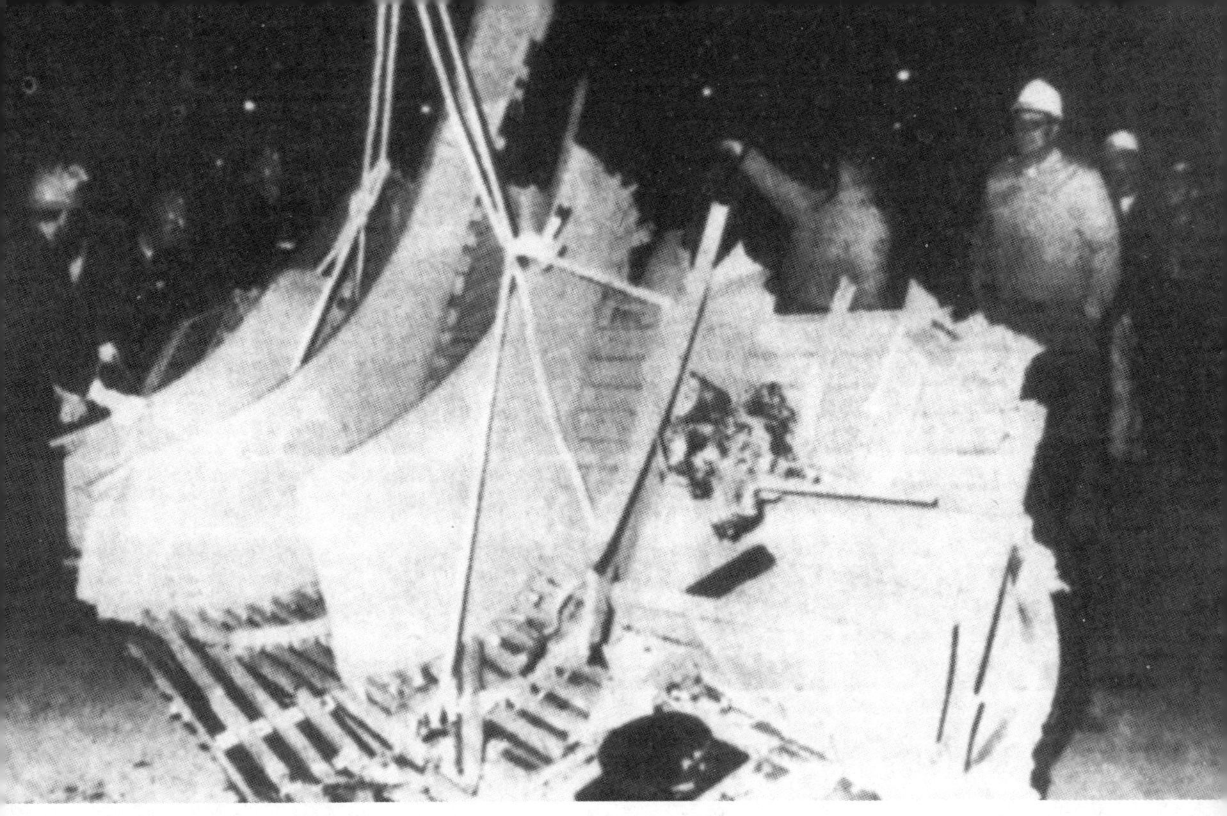

“挑战者”号残骸被打捞上来

4. 哥伦比亚号解体

对“挑战者”号失事原因的分析，恰如人们已觉察到的那样——“O圈”失效。通过发射时的录像可以看到，发射后不久燃料箱一侧就有燃料泄漏。升空后，很快就从这里便喷出火苗，最终引发了这一灾难。

“挑战者”号的失事牺牲了7名宇航员，其中有一位引人注目的女教师麦考利夫，她击败了11 000名申请者，成为第一位参加航天飞行的“普通公民”。

“挑战者”号变成了一堆废墟，曾一度使美国的航天计划推迟了两年。但在失事的阴霾之中，人类飞天的梦想却没有被遏止。

“挑战者”号航天飞机

1986年1月28日，美国第二架航天飞机“挑战者”号在进行第10次飞行时，从发射架上升空73秒后发生爆炸，价值12亿美元的航天飞机化作碎片，坠入大西洋，7名机组人员全部遇难，造成了世界航天史上最大的惨剧。

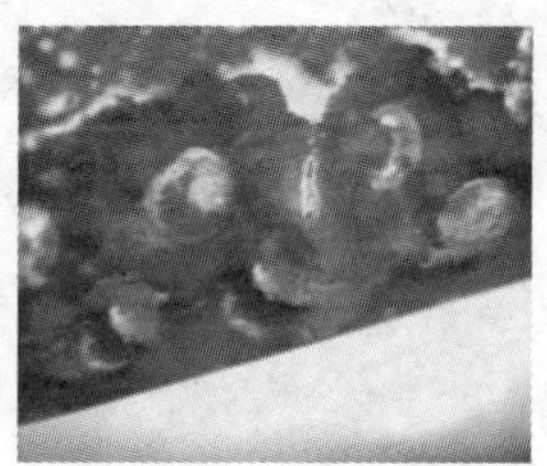

哥伦比亚号

第一位太空女教师麦考利夫

哥伦比亚号是美国最为陈旧的航天飞机。它于1981年首次进入太空，已完成了27次太空旅行。也许它已经太老了，在2001年准备进行第二十八次飞行时，由于技术故障和调配等原因，一直推迟到2003年1月16日才发射。

哥伦比亚号完美地升空，顺利地执行了太空任务，于2003年2月1日返航。

可就在航天飞机进入大气层后不久，它突然与地面指挥中心失去了联系，随后，人们便在天空中看到了几个飞驰的火球。

在距离自己的家园还有16分钟的旅程时，哥伦比亚号解体了。它只活了不到其设计寿命的四分之一，和它的队员一样在盛年燃尽了自己的生命。

5. 杨利伟在欢呼声中踏上了征途

中国曾在上个世纪60年代就对载人航天进行了初步讨论，经过反复论证，直到1992年载人计划——921工程才正式启动，将天地往返系统确定为宇宙飞船。

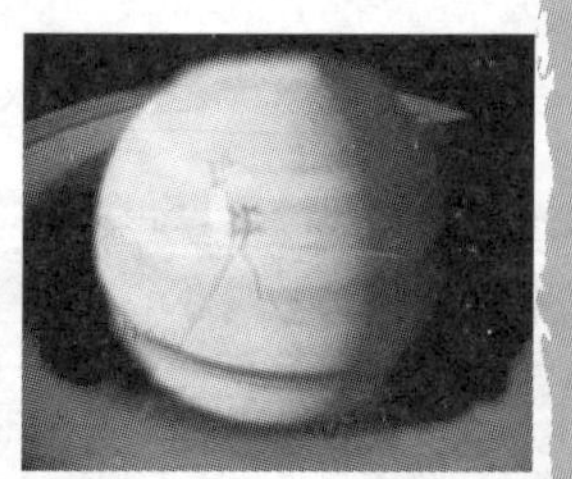

杨利伟在欢呼声中踏上了太空之旅

“神舟”五号飞天

经过一系列无人飞船的实验之后，2003年10月15日，空军飞行员杨利伟在欢呼声中踏上了征途。

杨利伟的这次飞行终于实现了300年前那个为飞天而不惜粉身碎骨的古人——万户的梦想。

从载人航天开始至今，人类已经失去了25名优秀的宇航员，牺牲了数百位航天专家，发生重大灾难10余次，而每一次飞行都存在着不同程度的事故。但在灾难发生后的纪念会上，人们总会重复同一句话：我们的太空之旅仍将继续。

（余立军）

深湖魅影

虽然在全世界范围内有着各种离奇的水怪传说，但它们或止于含糊不清的目击事件，或止于人为的谎言，大多不了了之。这里所要讲述的却是一个既真实可信、又神秘莫测的关于水怪的故事。

在阿尔泰山西北部的峡谷中隐藏着一弯月牙形的湖泊——喀纳斯湖。这里宛如一片世外桃源，20万年来人世间的沧海桑田都未曾打破过这里的宁静。然而在这片宁静背后，却隐藏着一个秘密。传说自喀纳斯湖形成以来，在它的湖底一直藏

着一个能撼天动地、吞吃牛马的巨型水怪。这种说法来源于湖区边的图瓦人。水怪似乎负载着图瓦人先祖的某些秘密。几个看似不经意的传说，将他们的族源、成吉思汗的陵墓秘密地联系在了一起。

多家科研单位组成的喀纳斯综合考察队于1980年和1985年对喀纳斯进行了两次考察。当时，专家推测传说中的水怪可能就是体型巨大、异常凶猛的大红鱼——哲罗鲑。然而当这个消息发布后，等待他们的却是更多的疑问和谜团：淡水鱼能够长到10米以上吗？喀纳斯湖的环境能养出这么大的鱼吗？这种鱼能凶猛到吞吃牛马吗……

十几年过去了，虽然对喀纳斯湖中哲罗鲑的大小一直有争论，但人们普遍接受了水怪就是哲罗鲑的观点。但是在2003年9月27日晚7时左右，一件可怕的事件动摇了这个看法……因为当时的目击者并没有看到大鱼，只是想起了古老的图瓦人的忠告：在喀纳斯湖里有一个神圣的怪物，千万不要去惊动它，否则它发怒的时候，天地将为之震动！

深湖魅影

与世隔绝的密林深处，一个古老的部落；寒冷刺骨的幽暗湖底，一个鬼魅的影子。曾经不可泄露的天机，如今变成了骇人听闻的事实。

1. 水怪传说

亿万年前，中亚腹地几乎淹没于一片汪洋大海之中。古地质板块的剧烈运动使中国新疆的最北端逐渐隆起了气势磅礴的阿尔泰山脉。第四纪冰川之后，经过漫长的冰川刨蚀，在阿尔泰山西北部的峡谷中留下了一弯月牙形的湖泊——喀纳斯湖。

喀纳斯湖四周森林密布，峰峦叠嶂；湖滨地带绿坡如毯，湖面碧波万顷。这里群峰倒影，水天相连，风景秀美。20 万年来，喀纳斯湖宛如一滴翡翠，悄然隐藏于茫茫群山之中，人世间的沧海桑田都未曾打破过这里的宁静。

十几年前，一位名叫金钢的护林员来到了喀纳斯。这是一个爽朗的蒙古汉子，他走过山林中的每一个角落，也去过湖面上最幽暗的水域。一次偶然的经历让他发现了这宁静背后的一个秘密。

一次，金钢驾船到湖的上游去巡视。到达目的地后，他把船拴在岸边，然后上山办事。就在办事回来正要下山的时候，他突然发现湖面上有一个奇怪的东西。

金钢：我往湖面一看，在船的上游四五百米远的地方，有个像倒了的树一样的东西。我看到后，就对旁边的另一个护林员说："你看喀纳斯湖里那是什么东西。"他说："好像是树吧。"我说："你看那个东西那么大，而那个船却那么小。"

阿尔泰山山脉中的月牙形湖泊

金钢看见怪物的位置在湖的最北端。喀纳斯湖呈月牙

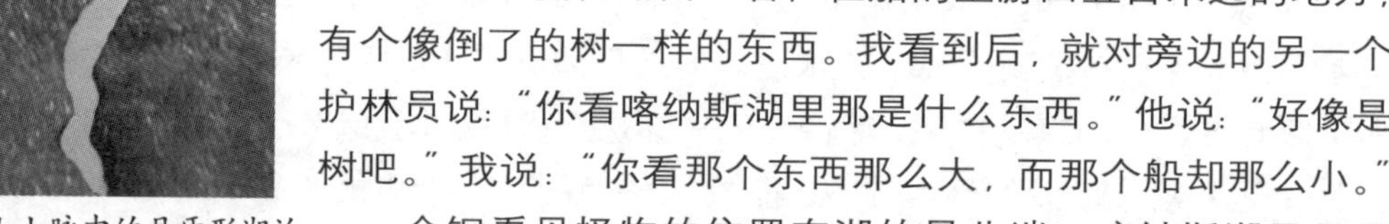

第四纪冰川

第四纪是新生代的第三个纪，也是地质历史的最后一个纪。代表符号为"Q"。从距今160万年前至今。此时高纬度地区广泛发生了多次冰川作用。本纪初期出现与现代人类有亲缘关系的祖先，故也有人称之为"灵生纪"。

喀纳斯湖

形，人们习惯上把湖区划分为一道湾、二道湾、三道湾和四道湾。湖的最北端又叫湖头，是人迹罕至的地方。由于俯看湖面距离太远，金钢与他的同事迅速跑下山。但下山之后，依然看不清楚。

金钢：我准备开船过去，但同事不敢去。为了确定怪物的位置，并判断它是否在移动，我选定了一个角度，找了一根木棍在湖边对它进行瞄准。然后，又让同事在另外一个角度也对它进行瞄准。这样，通过两根木棍的视线交叉就可以固定怪物的位置。经过一段时间的观察，我们发现这个物体在缓慢地移动。但天色已晚，渐渐就看不清了。回去后，我们将此事讲给大家听。第二天再来，怪物已没有了。

金钢当年所驾驶的那艘铁皮船，有8～9米长。据他回忆，水怪的长度至少是船的两倍。那次目击事件发生在湖头，而湖头有大量枯死的树木。是否是枯木被冲入湖水后造成了水怪的假像呢？金钢却说不是枯木。

喀纳斯湖

蒙古语，意为“峡谷中的湖”。位于布尔津县境北部，距县城150千米，是一个坐落在阿尔泰深山密林中的高山湖泊。湖面海拔1 374米，南北长24千米，平均宽约1.9千米，湖水最深188.5米，面积45.73平方千米。

对于刚到湖区参加工作并且对护林事业充满热情的金钢来说，水怪的出现激发了他进一步了解喀纳斯湖的愿望。他翻越过湖区周围的座座群山，到过隐藏于其中的上百个大大小小的湖泊。他还曾在湖区发现过一种奇特的鹿。正是由于他的发现，新疆野生动物志上又多了一种鹿科动物——驼鹿。

很快，两年多的时间过去了。但在金钢的脑海中，水怪的影子依然挥之不去。每每向外人讲起水怪的时候，他都苦于没有证据。8月的一天，金钢到三道湾附近的一个护林站。这时，已是下午四五点钟的光景，他无意中向湖面上望去，突然又看到一个似曾相识的东西。

金钢：当时我说看到了怪物，却被当地的老人训斥。尽管如此，我还是和同事拿着望远镜跑到了湖边。但非常遗憾，我们跑过去的时候，湖面上什么都没有了。

又是水怪！其实在金钢看来，喀纳斯的幽深诡秘远不只是水怪。这里有太多的谜纠缠在他的脑海中：在湖区数千米之外的草原上，矗立着一些奇特的人型石

喀纳斯湖

金钢在湖面上看到了一个奇怪的东西

柱，它们是什么人留下的？为何会遗留在这人迹罕至的地方？它们似乎存在着某种联系，但又不知其所以然。当然，在这些谜团之中，最神秘的还是那个被称为喀纳斯的大湖（喀纳斯湖是我国最深的高山湖泊，南北长约24千米，东西宽约2千米，最大水深达188米。湖的下游河流穿越俄罗斯，注入北冰洋）；最让金钢不解的还是当初在他说看到水怪的时候，为什么当地的老人要训斥他？那个老人似乎对水怪了如指掌，却又避而不谈。这其中又隐藏着什么秘密？于是，金钢开始把注意力转移到当地土著居民的身上。他隐隐觉得，从他们口中或许能得到一点关于水怪的答案。

在喀纳斯湖边，住着一个由1 000多人组成的部落。他们长期与世隔绝，保持着非常独特的生活习惯。这些土著居民自称图瓦人，是成吉思汗的后代。他们说，是这位英雄在西征途中把他们留在这儿的。如果你不相信，他们会指着河湾中的两块陆地对你说：“看，这正是成吉思汗的马蹄留下的脚印。”

望着英雄策马飞驰而过的这湾湖水，身为蒙古人的金钢也感到一丝骄傲，但他更想弄清楚湖水中那个神秘的影子。金钢曾驱马来到山林中一个偏僻的村落，寻找一位名叫布土松的老人。老人今年已经76岁了，不识字，一辈子也没有下过山，但在她的大脑里存放着一部图瓦人的历史书。

和现在上山的人一样，金钢当初也问她关于

喀纳斯湖边的原始部落

驼鹿（Alces）

哺乳纲、偶蹄目、鹿科，世界上体形最大的鹿。它身躯、腿像骆驼，肩部高耸，像驼峰，因此得名。它体长2米余，尾短，四肢下部白色，栖息在森林的湖沼附近，善游泳，不喜成群，分布于中国大小兴安岭和完达山等地区，为国家二级保护动物。

水怪的事。老人一般都委婉地摇摇头，问得多了也会说一点。如果人们再进一步追问水怪的事情，老人就保持缄默，唯一可以向你倾诉的就是她手中那把木琴。老人的琴声声音低哑、旋律简洁，但却潜藏着一丝哀婉和神秘。为什么她不肯再透露一点水怪的细节呢？在和当地居民一起生活了十几年之后，金钢渐渐理解了老人的心情。

金钢：不能把水怪的事情讲给外人听。

水怪似乎负载着图瓦人先祖的某些秘密。要想弄清水怪说法的源头，必须先弄清图瓦人的历史。据史书记载，当年成吉思汗西征路过阿勒泰草原的时候，他的马队正是从喀纳斯经过，那些草原石人很有可能就是他们遗留下来的。从图瓦人的生活习惯和相貌来看，与蒙古人非常相似，他们很可能是现代蒙古人的一支。但也有专家指出，图瓦人的族源应该来自遥远的西伯利亚。

水怪似乎隐藏着一些图瓦人的秘密

在图瓦老人的故事里，还有两个传说似乎与水怪有关：传说成吉思汗最喜欢的地方就是被他誉为金色的阿勒泰草原。当这位一生叱咤风云的汉子策马来到阿勒泰时，被这里的宁静和美丽所震慑。虽然这里的美丽并没有挡住他西去厮杀的脚步，但他却希望死后可以长眠于此。另外，据说成吉思汗最喜欢的臣民就是善良诚实的图瓦人。他曾下过一道密令，死后要将遗体交给图瓦人。

当这位旷世豪杰在攻打西夏的征途中坠马而死之后，他的遗体是否被悄悄地运回了阿勒泰，而后又被埋葬在喀纳斯湖边呢？为了让英雄魂魄长存又不被后人困

成吉思汗（1162～1227）

蒙古国的创建者，名铁木真，1206年，即大汗位，号成吉思（意即大海，引伸为伟大的意思），建蒙古国。此后，他倾全力发动对外战争，后来子孙继续其武力扩张的政策，吞金灭宋，建立了一个亘古未有、领土横跨欧亚的大帝国。

扰，图瓦人于是编出一个水怪的传说来震慑四方。事实上，成吉思汗死后究竟被埋葬在什么地方，一直是一个困扰着世人的谜团。神秘的喀纳斯为这个谜团又增加了一种新的说法。

但这些说法毕竟只是猜测，也许从现实中更能找到一些合理的依据：现在的图瓦部落仅有1 000多人，他们长期封闭在与世隔绝的山林之中，生存能力非常脆弱，自我保护意识也很强。为了抵御外界的侵入，他们需要创造一个神灵来护卫自己。在图瓦人当中流传着这样一个故事：传说在上个世纪初，有一群俄罗斯人从群山北边翻越过来，说是要寻找他们丢失的马匹。当他们来到喀纳斯湖边时，被图瓦人拦住了。图瓦人说水怪吃了马匹，这个谎言化解了一场干戈。或许水怪的传说被图瓦人借此继续扩大，成为了他们的守护神。由于金钢确实在湖面上看到过不明物体，所以他认为，即使是图瓦人的传说也一定和水下的某种东西有关。一个老猎人也曾

据说成吉思汗最信赖善良诚实的图瓦人

向金钢讲过亲身经历的发现水怪的事情。那位老猎人回家后惊魂未定，便在山上修起了一座敖包，用以供奉水怪。以后每到特殊的日子，他都要携带儿女前来祭祀。

当时由于环境封闭，图瓦人和金钢的目击事件并未引起外界的关注。后来，国家筹备在喀纳斯建立自然保护区，上山进行调查和工作的人陆续增多，看到水怪的说法也常有发生。仝保明是最早到山区林场开车的司机之一。为了配合专家对湖区周围进行调查，他又成了湖面上最早的汽艇驾驶员。由于要整日驾驶汽艇在湖面上飞驰，善良的图瓦人给了他不少忠告。

仝保明：当地人告诉我，水怪吃牛马。起初我并不是很在意，但一次在湖面上的经历让我印象深刻。当时突然打来一个浪，水怪逐渐出来。我赶紧掉转方向盘向远处开去。

与仝保明有类似经历的还有一位来自喀纳斯管理局的哈萨克干部，叫赛立克。

有一天，赛立克乘坐的汽艇开到了三道湾，他们往四道湾的方向望去，忽然发现水面上浮出一个奇异的物体。当赛立克拿出望远镜后，那个物体已经消失了，只在湖面上留下了一层层波浪。怪物入水前扬起的一个巨大的黑色叉子给赛立克留下了深刻印象——就像在电视中看到的鲸鱼的尾巴。

越来越多的目击事件使人们相信喀纳斯水怪不仅仅是一个传说。在大湖100多米深的水下一定隐藏着什么东西。遗憾的是，没有人看清过它的模样。据说为了看清水下的东西到底是什么模样，在80年代初，曾有两个勇敢的猎人决定去捕捉这个水怪。他们扛着一杆猎枪来到了湖边水怪最常出没的地方，在那里守候了几天，却都一无所获。一天中午，他们无意中发现湖水拍击岸边的浪花有些异常。猎人们向湖中望去，只见一个巨大的浪花正在湖面形成，浪花下面有一个红褐色的影子在舞动。猎人举枪射击。枪声响过之后，硝烟慢慢散去，湖面上除了哗哗的水声之外什么也没有留下。令人震惊的是，岸边的两个猎人也消失得无影无踪。

这一次事件使水怪的传闻达到登峰造极的地步。不仅整个阿尔泰地区传得沸沸扬扬，全国都开始关注喀纳斯水怪的消息。许多探险者声称要去喀纳斯捕捉水怪。与此同时，在英国苏格兰高地一个叫尼斯湖的小地方，同样因为水怪的传闻而成为全世界关注的焦点。东西半球的两个水怪似乎在遥相呼应，搅得整个地球惴惴不安。

只看见“鲸鱼”的尾巴

在沸腾的传言和新闻炒作背后，受

尼斯湖（Ness, Loch）

也称内斯湖，英国苏格兰北部的大峡谷中相互联通的一连串湖泊中最大最深的一个，水深213～293米，长约40千米，平均宽度1.7千米。它终年不冻，水鸟翔集，鱼虾甚多，优越的自然环境使人们相信它是传说中的怪物的栖息地。

美丽神秘的喀纳斯湖

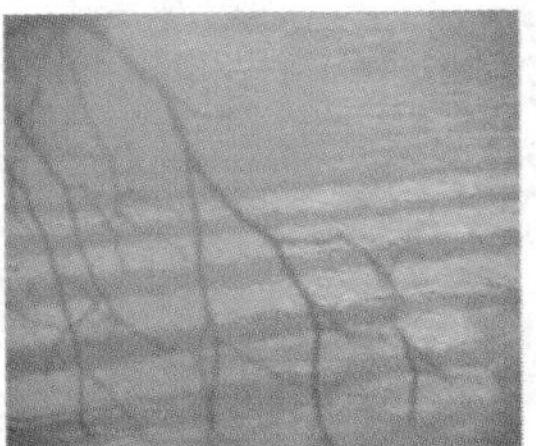

不平静的湖面又有了异常

害最深的却是湖区居民。他们由对水怪的崇敬逐渐变成了恐惧。白天，牧民不敢再轻易到湖边去放牧；太阳落山后，牧民早早地就把牛马圈进护栏，全家人躲进木屋；深夜，哪怕是一丝风吹草动都会使他们心惊胆颤。

2. 揭开水怪之谜

到20世纪80年代，喀纳斯水怪已不再仅仅是个传说。它时时从湖面上浮出，留下一个扑朔迷离的身影。越来越多的目击事件，也引起了相关专家和学者的注意。在喀纳斯湖幽暗的湖底，是否潜藏着一个不为人知的凶猛水兽？人类的理性和智慧能否揭开水怪背后的真相？

黄人鑫教授1962年从四川大学毕业之后，便到新疆大学生物系工作。主要从事昆虫学和动物学的研究，是最早关注喀纳斯水怪的专家之一。

黄人鑫：我不认为有怪，但有谜。

专家看问题比较理性和谨慎。凭黄人鑫对新疆野生动物的常年考察，的确没有发现神怪之类的东西。其实在中国还有很多关于水怪的传说：除了新疆的喀纳斯

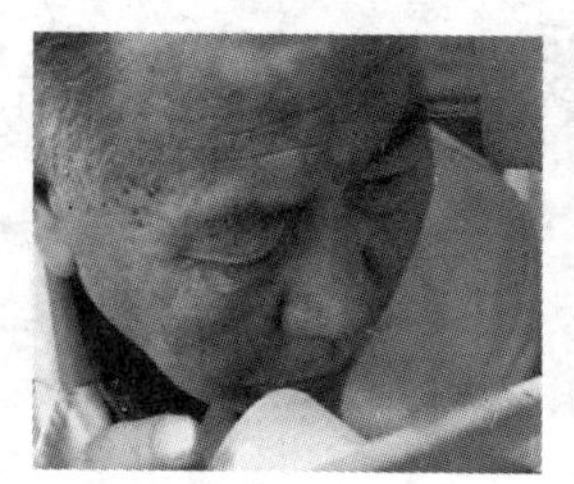

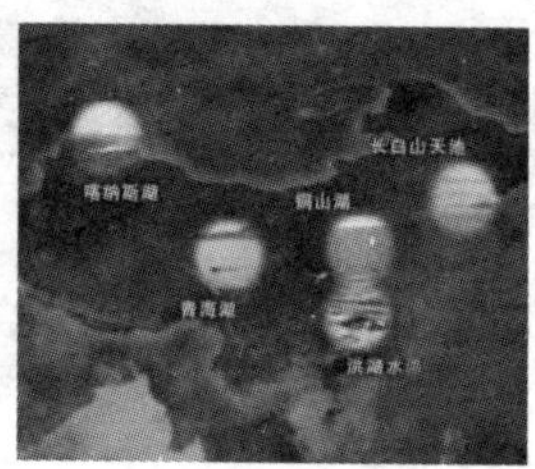

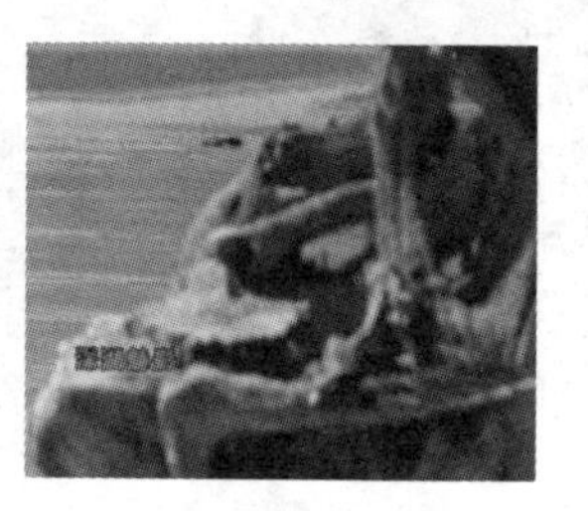

黄人鑫是最早关注喀纳斯水怪的专家之一

湖之外，在我国最大的内陆湖泊青海湖、吉林长白山的天池、河南泌阳的铜山湖以及湖北洪湖市的一个水潭里都有关于水怪的传闻。但这些传闻却没有一个变成惊天动地的事实。

黄人鑫：喀纳斯水怪也很可能是对自然现象的一种误判。例如：从特定角度观测水面上的某些浪花时，其前进的姿态很特殊，很像某种东西在游动。另外，湖面上的某些浮游生物，从远处俯视时，会呈现出大规模的聚集状态，而且还会随水波荡漾。第三，也可能是湖中漂浮的一些枯木。在喀纳斯湖湖头有大片枯死的树林，它们经常被上游的河水冲入湖中。距离远了之后，再加上水流的作用，枯木在湖面上来回往复、上下颠簸，很像是怪物在游弋。

如果说目击者看到的的确是某种水生动物，黄人鑫认为，最有可能的就是鱼。

水中的爬行古生物——水龙兽

当然，这应该是一条体型非常巨大的鱼。例如：海洋中最大的水生动物——鲸鱼，当它在水面上活动的时候，看上去非常恐怖。从世界范围内的可靠资料来看，淡水湖泊中还不存在和鲸一样大的鱼。另外还有一种假设，有可能是密度非常大的鱼群。大密度的鱼群也会造成庞然大物的假像，但是鱼群的形状很难长久地维持住。

如果排除以上所有假设，喀纳斯水怪是否真有可能是人类目前尚未发现的一种怪兽，一种类似史前巨鳄或恐龙的庞然大物呢？这个有着20万年历史、最大水深可达188米的喀纳斯湖，是否隐藏着一个超出人们经验范围的秘密呢？根据化石来考证新疆的古生物种群，在喀纳斯附近并没有找到过恐龙的遗迹。如果允许把范围扩大一些：在克拉玛依的乌尔禾曾发现准噶尔翼龙，在吐鲁番地区也曾发现过几种爬行恐龙，在吉木萨尔曾有一种生活在水中的爬行动物——水龙兽。水龙兽被认为在2 000万年前就消失了，而恐龙至少在6 500万年前就已经灭绝。喀纳斯湖只有20万年的历史，无论是从空间上还是时间上，似乎都与恐龙毫无联系。

最后还有一种可能：喀纳斯水怪仅仅是一个传说或谎言。就如同现在普遍被

1980年，喀纳斯综合考察队成立

准葛尔翼龙

白垩纪早期常常翱翔在湖滨的一种大型的翼手龙类，两翼展开可以达到4米。1963年，在新疆发现的魏氏准葛尔翼龙是我们国家最早发现的翼龙化石。30多年以后，辽西的热河生物群发现大量翼龙化石，使我国在此方面的研究有了重大的突破。

阿勒泰林蛙及沿湖的一些尸骨

认为是一个集体维护的谎言——尼斯湖水怪一样，当地居民正是从水怪带来的旅游业中受益匪浅，制造喀纳斯水怪或许只是目的不同而已。而有些目击者也许正是受到传说的影响，当看到湖面上的不明物体时就把它和水怪联系起来了。

新疆环境保护科研所一位思想活跃的学者袁国映，曾对喀纳斯水怪进行过大胆的研究。

袁国映：遗留物种迁徙，现实中还有大型动物发现。

1980年，由自治区政府牵头、并由多家科研单位组成的喀纳斯综合考察队成立。虽然寻找水怪并没有写进日程安排，但寻找水怪却是每一位考察队员心中所渴望的。自治区水产局的研究员解放当时正致力于解决新疆人吃鱼难的问题。他在考察中的主要任务是摸清喀纳斯湖中的生态结构，以便选择可以人工饲养的鱼类。

解放：机会来了。

从乌鲁木齐到喀纳斯所在的布尔津县，要穿越茫茫戈壁和沙漠，当时并没有现在这样平坦的公路。另外，荒漠中天气变化多端，经常会受到风沙和暴雨的袭击。探险的激情很快被旅途的劳顿所代替。考察队到达喀纳斯山脚下之后，汽车已经不再起作用，只有

水龙兽（Lystrosaurus）

兽孔目，水龙兽科，俗名水龙兽，属于三叠纪早期。它头颅的特征是脸部成一定的角度，鼻位于最高处，上颚仅有两个犬牙似齿的凸出物，下颚厚实却无齿。它们的肢粗重，尾曲短，用四足行走。

美丽的秋景

冬天的风韵

借助马帮才能继续向山上进发。当喀纳斯湖的湖水和迷雾逐渐映入考察队员的眼帘时，他们甚至怀疑自己是否因疲倦而坠入了梦中的仙境。

对于生物工作者来说，最大的幸福莫过于发现自然界一块生机勃勃的处女地了。这种幸福感在喀纳斯被不断地扩大。负责陆地动植物考察的队员们陆续发现了一些罕见的动物品种，如：阿勒泰林蛙、胎生蜥蜴、白化熊（白化熊并不是人们熟知的北极熊，而是一种特殊的变异品种）。白化熊的存在给了考察队员们一个启示：在喀纳斯湖湖底是否也有一种普通的水生动物，经过特殊环境的异化而变得异常巨大、凶猛了。这是否会是喀纳斯水怪的真相？与此同时，另一支队伍沿湖岸进行巡视，队员们在浅水地区发现了一些动物的尸骨。经过辨别，这些是牛、马，甚至野猪的尸骨。这些尸骨使队员们疑惑不解：在这个人迹罕至的地方，人为制造如此多的尸骨的可能性是极小的。如果是陆上野兽所为，为什么尸骨会在水中？莫非真正的凶手就潜藏在水下？

考察队员们在湖中找到了挂满小鱼的网

喀纳斯特殊的生态环境和这些奇异的发现，似乎预示着这里会有出人意料的东西。就在此时，从新疆罗布泊荒原的另外一支考察队传来不幸的消息——著名科学家彭加木神秘失踪。

解放：我们听到消息后，都很害怕。

彭加木的失踪给喀纳斯又蒙上了一层迷雾，大家都有点惧怕去湖面。但由解放带领的自治区水产局的考察队还必须在湖面上作业。队员们互相鼓励，哪怕湖中真有水怪，也要把它捞出来看一看。

解放：我们要看到实物。

一个晴朗的早晨，水产局的队员到湖面上布置一个百米大网。尽管头顶艳阳高照，湖水却冰冷刺骨。大家顶着寒气、壮着胆子向湖中央前行，眼睛尽量不往湖水中张望，或许正有另外一双眼睛在水下望着他们。白天的工作很顺利地完成了。这一夜，考察队员们睡得很香。第二天早晨，意想不到的事情发生了——上百米的大网消失得无影无踪。

考察队员们首先想到的是：水流把网冲走了。于是队员们顺着湖水往下游寻找，找了两天，结果一无所获。接着大家又猜想：会不会是湖区的牧民把网偷走了？但牧民对队员们都很友好，这种可能性似乎很小。于是，一种不详的预感萦绕于考察队员们的心头。

解放：后来网找到，浮标都被压成了小球。

鱼网拖上来时已经被搅成了一团。展开后发现被撕开了一个大口子，上面还挂满了小鱼。一个上百米的大网，被拖到了上游2千米处，而且还被撕裂了拽入深湖中！谁有这么大的力量呢？——这是一个不眠之夜。大家意识到，湖水中一定有

新疆大学考察队对喀纳斯湖保护区做可行性考察

一种强大的力量，但在这个力量的背后，又会是什么呢？

解放：水下有东西。

黄人鑫：会不会是水怪所为？

第二天早晨，远处的群山已铺上了第一层积雪，冬天来到了喀纳斯。考察队已经来了3个多月，必须在大雪封山之前返回，否则他们将被困在这里。下山的驼队出发了，考察队带着第一手的生态调研资料，同时也带着一个巨大的遗憾离开了喀纳斯。

1980年的考察任务结束之后，袁国映又承担了新疆其他湖泊的考察任务，黄人鑫仍在新疆大学教书育人。外界关于喀纳斯水怪的争论并没有停止，这也成了几位专家心头未了的宿愿。

黄人鑫：1985年承担了新的考察任务。

5年过去了，前往喀纳斯的道路状况没有丝毫改变，连天的大雨使考察队身陷

泥潭，寸步难行。

黄人鑫：到达的时候，天放晴了。

这一天正是黄人鑫50周岁的生日，一片祥云漂浮在他的头顶，似乎预示着这次考察会有重大收获。

新疆大学考察队的总指挥是生物系的向礼陔教授（向礼陔与黄人鑫同是四川大学的校友，这次考察结束后不久，他因胃癌病逝）。向礼陔做事很有韧性。最初在湖边巡视了几天，一无所获。但他并没有放弃，反而在湖岸边一棵枯树旁住下来了。一天早晨，向礼陔突然听到身后湖水的声音出现了变化。向礼陔迅速拿起望远镜，他看见湖面上一个巨大的浪花正在翻腾，而浪花下面显出一条巨型红鱼的影子！据向礼陔回忆，那条鱼约有10米长，很快就又沉入了水中。

当夜，向礼陔回到营地后，立刻发布了这个消息。大家都有些不相信，于是便

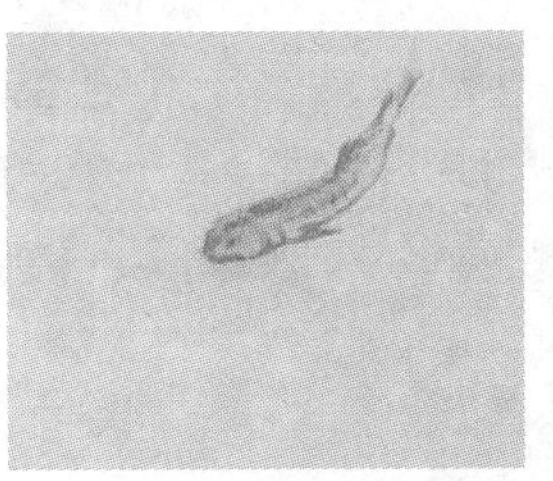

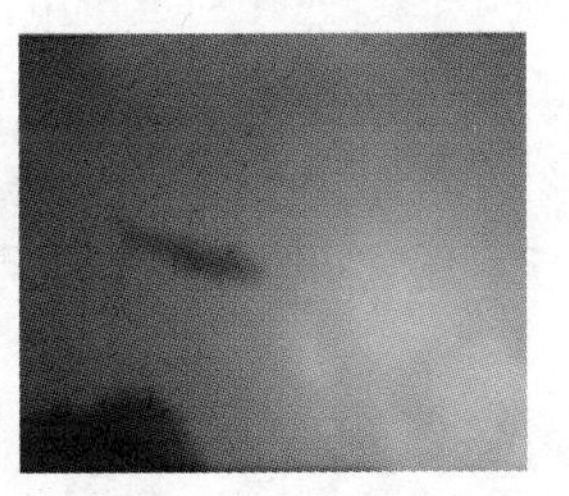

摄像机拍摄到的一些影像资料

决定第二天去看一下，并选择了一个视野更加开阔的制高点——观鱼亭。观鱼亭位于喀纳斯湖西侧的一个山顶上，距湖面的垂直距离约660米。站在这里整个大湖可以尽收眼底。第二天一早上到观鱼亭后，又是向礼陔第一个在湖面有所发现。

黄人鑫：向礼陔发现红鱼并做出判断。

对向礼陔的判断大家都比较赞同，但鱼有多大，意见还不统一。向礼陔及时地按下了照相机的快门。当新疆大学考察队下山回到营地时，恰好碰到了由袁国映带领的自治区环保所的考察队。

袁国映：起初我并不相信。

袁国映的怀疑是有依据的：如果湖中确有这么大的鱼，1980年两个多月的考察为什么没有发现呢？另外，观鱼亭和湖面毕竟有很远的距离，会不会是判断有误。第二天一早，袁国映就背着考察队最好的设备来到了山顶上。

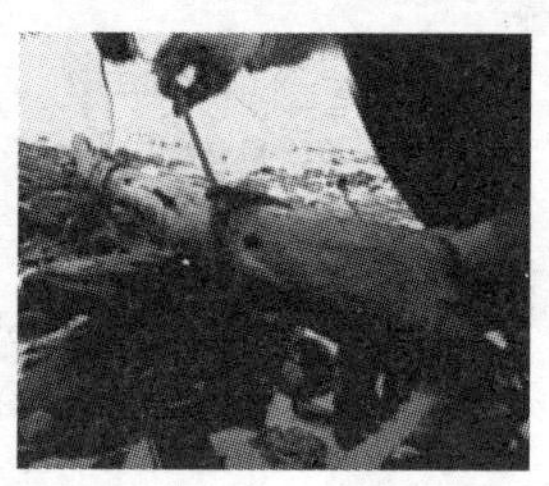

拍摄的另一组画面

袁国映：开始以为是褐藻，用望远镜看是大鱼。

袁国映带上了摄像机，留下了一段珍贵的录像资料。但由于摄像机镜头焦距有限，无法拉近湖面。借助于望远镜，袁国映看到了更多的细节。据袁国映的回忆，在他的录像中那块模糊的黑斑应该是大鱼浮出水面的上半个身子。通过与湖边的树木作比较，可以想象出鱼有多大。为了获取近距离的影像，袁国映迅速地向山下跑去。可当他来到湖边才发现，远近一片水光，什么也看不见。

一篇《喀纳斯水怪之谜被揭穿》的报道正在草拟之中，第二天将发往新华社。考察队员们都处在发现大鱼的兴奋之中，不过他们或许忽略了一个重要的逻辑问题：即使喀纳斯湖中有罕见的大鱼，它和水怪又有什么关系呢？

3. 哲罗鲑

1985年7月，一条新闻从喀纳斯传出，争论已久的喀纳斯湖水怪之谜被揭穿，谜底正是湖中的巨型大红鱼。然而这条新闻带给人们的疑惑似乎比答案更多：报道中称大红鱼至少有10米以上——这是一个令人匪夷所思的长度。另外，即使湖中有罕见的大鱼，它与传说中的水怪又有何关系呢？

新疆环保所的专家袁国映从山顶上拍下了一段录像。录像显示湖面上的确有一些斑点，但画面质量很不理想。袁国映还及时地拍到了一张照片。将照片放大后可以发现，照片上的黑斑基本呈梭状鱼型。新疆大学的向礼陔也拍摄了一张照片，照片上红褐色的印记也基本呈现出一条鱼的形状。如果照片上所照的就是一条鱼，

彭加木（1925～1980）

著名植物病毒专家。1972年任中科院上海生物化学研究所病毒组长。1980年，他自北向南纵穿罗布泊湖盆中心地带成功，创造了第一次揭开罗布泊神秘面纱的奇迹，但于6月不幸失踪。国务院追认他为“优秀科学家”和“革命烈士”。

考察队想用特殊的大鱼钩诱捕大红鱼

把它的大小和湖边的树木作个比较可以发现，鱼的长度大约有树高的三分之二。湖边主要生长的是西伯利亚落叶松和桦树，树高多在15米以上。以此推算，湖中的大鱼至少有10米长。

袁国映：没想到。有的人说最大一条鱼的大小从湖边的树可以看出来，也有人说有两个公共汽车长，约15米。好几个人有这样的说法，并且是有报道的。当然七八米的有十几条，在三四米或者四五米的有三四十条。从未想到湖里会有这么大的鱼。我们考察过，1980年考察了两个月，但从来没看到过。

当然，照片的成像以及这种估算方法的误差也是专家们难以确定的因素。

黄人鑫：也可能是光线折射的假像。由于光的照射，一个很小的东西进去之后，它有可能会因为光的折射而形成一个很大的景像，发生这种情况是有可能的。

由光线折射等因素造成的误差有多大，照片上的斑点究竟是不是大鱼，最好的办法就是捕捉到一个实物。在发现大红鱼之后的第三天，黄人鑫赶回喀纳斯湖所在的布尔津县城。他在一个铁匠铺定做了一个特大号鱼钩。鱼钩由15毫米粗的钢筋打制，宽约15厘米。鱼钩送到山上之后，向礼陔和同事来到湖边。他们先将尼龙绳捆在大树上，然后用一根长约2.8米的圆木作浮标，圆木下方系上鱼钩，再挂上一只大羊腿作诱饵。没过多久，他们就看到水面下影影绰绰有鱼游过来。

从水上观察，这些鱼个头很大。当时他看到一条他们认为中等长的鱼，经过浮标旁边，并排游过去。那条鱼是那个浮标的3倍长，也就是说那条鱼将近8~9米长。

哲罗鲑的标本

里氏

震级是衡量地震大小的度量。根据地震时释放能量的多少划分，震级越高，释放能量越多。各国和地区的分级标准不尽相同。我国使用的是国际通用震级标准——“里氏震级”：大于、等于7级的称为大地震，8级及以上的称为巨大地震。

袁国映：鱼的大小大约是浮标的3倍。

这些鱼都很机敏狡猾，在羊腿旁边来回穿梭、游动，却不咬钩。于是大家又想了一个办法。

黄人鑫：我们想，大红鱼是不是想吃活的东西？想吃游动的东西？是不是对羊肉不感兴趣？后来，我们又派人去喀纳斯湖打了野鸭，将诱饵换成野鸭子，把它挂在鱼钩上，再用尼龙绳挂在木头上。结果还是没钓上来。

没有钓到鱼，有些问题就只能靠推测了。大红鱼仅是一个直观的称呼，它究竟是什么鱼？这种鱼的行为是否能够解释看到的水怪现象？根据1980年和1985年考察队两次捕捞情况，喀纳斯湖中大致有8种鱼类，除小型的食草性鱼类外，专家们把注意力集中于以下4种鱼：江鳕、北极茴鱼、细鳞鲑、哲罗鲑。经过反复比较和研究，大家把焦点一致投向了哲罗鲑。

传说大红鱼能吃掉湖边的牛羊

袁国映：为什么认为是哲罗鲑？哲罗鲑这种鱼在夏天繁殖季节的时候，皮肤略带红褐色。我们看到的斑点都是红褐色斑点。哲罗鲑就是以这个颜色来命名的，叫大红鱼。除颜色特征外，哲罗鲑也是以上4种鱼中最为凶猛、体形最大的鱼类。这种鱼性格诡异，极难捕捉。

是否可以把哲罗鲑和巨大凶猛的水怪联系到一起呢？从喀纳斯湖中捕到的哲罗鲑标本上可以看出，哲罗鲑长约1.45米，体重40千克左右。这种鱼体形狭长，头部扁平，满嘴都是锋利的牙齿，即使在上下腭和舌头上也布满倒刺，被哲罗鲑咬住后很难逃脱。早在1980年，自治区水产局人员就曾在湖中捕获过哲罗鲑，但体形较小并未引起水产局人员的注意。

解放：其中最大的一尾体长105厘米，重量有11千克多。我们抓回来解剖以后发现，在鱼的胃里有一只比较完整的水鸭子，当时还没有被消化。

大红鱼属于凶猛型、进攻型的鱼类。由此可以看出，百姓传说能在湖边把牛羊吃掉，这个可能性也不能完全排除。但是，牛马通常只在湖岸边活动。数米长的鱼如何能游到岸边呢？但考察队的确在浅水地带发现过一些动物的尸骨，莫非这种鱼具有惊人的跳跃能力？另外，1980年自治区水产局撒下的大网，曾被不明物体拖到了上游的深湖中，网还被撕开了一个大洞。这是否也是哲罗鲑的所作所为？

原布尔津县旅游局的书记任玉清常年驻守在喀纳斯湖湖区，在他任职期间曾发生过这样一件事。

任玉清：原来喀纳斯的一个学校的校长——铁木尔校长经常在喀纳斯湖下网。铁木尔校长下网不像我们把网绳绑在岸边，他是在两头都绑上大石头。石头很重，有十几千克，“嗵”的一下两头的石头都撂下去，第二天再去拉网。可是，到第二天校长划着木筏去拉网时，却发现网没有了。一个月之后，有人意外地在上游找到了他的网。

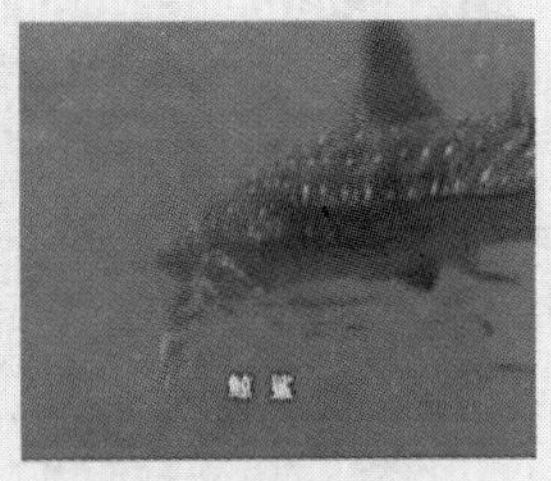
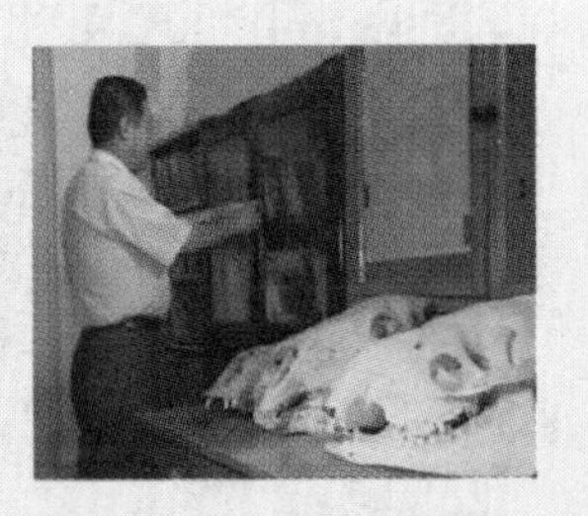

哲罗鲑凶猛的特性和某些水怪的特性相似

任玉清：大鱼把网拖走了。发现网的人把网一提，上面还挂着个红鱼头。红鱼头很粗，肉都没有了，两边还拖着。网有四五十米长，网本身就约有十几千克，再加上两块大石头就更重了。那个鱼挂在网上以后，在湖里拖着走了两千米多。到湖边水浅的地方，可能是石头夹住了，鱼拖不动网了，就死在网里面了。

按任玉清描述的鱼头大小推算，那条哲罗鲑体长两米左右。如果确有10米长的鱼，是不是就可以拖走水产局上百米的大网呢？哲罗鲑的凶猛特性和某些水怪现象有一定的联系，那些曾经看到水怪的目击者们是否也认为水怪就是大鱼呢？喀纳斯管理局的干部赛力克曾经在湖面上看到过水怪。当时给他留下的印象是怪物白色的肚子和类似鲸鱼的黑色尾巴。

赛力克：我觉得是鱼。它横过来以后一个白白的肚子，船那么大。当时在我们跟前没有船，也没有别的东西。我的判断可能是大红鱼。它翻身的时候，大红鱼

喀纳斯湖至今仍保持着良好的原始生态系统

的底下不是白的吗？

作为水怪的另外两位目击者，护林员金刚和汽艇驾驶员仝保明虽然没有看到类似赛力克这样的细节，但也倾向于认为看到的东西就是大鱼。不可否认，专家们的意见会带给他们很强的心理暗示作用。但要把哲罗鲑等同于水怪，还有一个很重要的问题需要解释：从目击者的估算来看，那个物体的长度有10米左右，而喀纳斯湖中的哲罗鲑能够长到这么大吗？自然界中最大的鱼类莫过于海洋中的鲸鲨，鲸鲨可以长到20多米。这样的庞然大物的生存要依赖于海洋中丰富的生态系统，陆地淡水湖泊基本上不具备类似的条件。

袁国映：最大的淡水鱼。

现今已知的曾经发现的最大的淡水鱼是里海内陆河中的鲟鱼，有9米长。但是就哲罗鲑而言，目前记录中已知的最大的哲罗鲑是在贝加尔湖发现的，长度为2.1米。这些数字是袁国映在可靠资料中查到的最大值，但喀纳斯湖似乎要超过这个记录。

在喀纳斯湖湖边有一个哈萨克村落，村中有一位叫哈德勒别克的老人。他还记得小时候曾听说有一群俄罗斯人在喀纳斯湖中钓到过大鱼。

哈德勒别克：俄罗斯人把人叫过来，把鱼捞出来。后来他们十几个人吃了一顿，吃剩下的鱼（肉）全部割成几段，驮在马上。总共驮了40匹马，驮到禾木河去了。

这是一件无法再考证的事。现今有据可查的是在喀纳斯湖北端有一个叫充乎尔的乡村，村中有一条大河和湖水相连。有一次河里发洪水，一条哲罗鲑被冲出水面而搁浅，那条鱼长达1.42米，重46.6千克。据护林员金刚回忆，十几年前，他曾和朋友在湖下游一个水面相对较窄的地方叉到过几条大鱼。

金刚：是两个人把鱼拉到耙子上，耙子往下沉下去。耙子沉下去后我们没有办法，就从耙子前面把它拖出来了。一个人划船，一个人把它拖上来。拖出来以后，我们几个人过来把它拉出来，那个鱼长2.3米。

袁国映猜测巨型哲罗鲑是喀纳斯湖中的变异

迄今为止，从喀纳斯湖中捕捉到的哲罗鲑长度还没有超过3米。这成为怀疑湖中有10米长大鱼的主要依据。同时，也有人从另一个角度提出了质疑：喀纳斯湖是否具有供巨型鱼生存的生态条件？喀纳斯湖没有渔业开发和现代工业的污染，湖区保存着良好的原始生态系统，从1985年专家们在山顶上的目击情况来看，仅浮出水面的大鱼就有几十条。这对并不算大的喀纳斯湖来说，要维持其生存也是有些困难的。

支持湖中存在10米长大鱼的袁国映研究员，提出了一个新的看法。

袁国映：大鱼吃小鱼。那个大哲罗鲑只有吃中型或者小型的哲罗鲑才能生存，再小的就像吃面条一样。例如：向老师用的那个羊腿很大、水鸭子也很大，想钓，但哲罗鲑根本不理。因为大的哲罗鲑可以吞吃掉中型的哲罗鲑，比如，10米以上的大哲罗鲑可以把五六米的鱼吞掉。

喀纳斯湖属于北方冷水性湖泊，鱼类活动所需要的能量较少。如果一条10米长的鱼吞下5米长的鱼之后，的确可以保持很长时间不再进食。

另外，哲罗鲑属于鲑科鱼类，鲑科鱼类的一个重要特性就是繁殖季节的洄游。而喀纳斯湖是一个过江湖泊，它的上下游河道都比较狭窄，尤其是和湖区相连的部分，大多是一些乱石浅滩，大鱼是如何通过的呢？对于这个问题，袁国映也提出了一个大胆的猜想。

袁国映：大鱼不洄游。像喀纳斯湖中的大红鱼，长到很大的时候可能那个河道对它来说就显得小了；也可能这么大的大红鱼，已经不繁殖了或不能繁殖了，小一些的鱼继续在繁殖，只有极少数能长到这么大。

按照袁国映的猜测，巨型哲罗鲑并不是一个品种，而是某些个体在喀纳斯湖中的变异。一般的哲罗鲑都是要正常进行洄游的，而某些个体在大湖的特殊环境中长成体形巨大、失去了繁殖能力的哲罗鲑，终身栖息于大湖之中，不再洄游。由此看来，如果喀纳斯湖中存在着10米长的大鱼，很多推论就不能从常理出发，而只能靠大胆的猜测。但这很难让人信服。

如果湖中只有两三米长的鱼，那么在哲罗鲑和水怪之间又缺失了一个重要的环节。1980年自治区水产局上百米的大网被拖到上游100多米深的水下，两三米长的鱼能做到吗？岸边的牛马尸骨，显然不可能是被一条体长还超不过自己的鱼吃掉的？至于专家们在湖面上看到的那些斑点，如果确证是鱼，那么先前对长度的估算就不够准确。这些或许只有两三米长的鱼，数量如此之多，是不是正好能养活水下的另外一个庞然大物？无论从哪一方面进行猜测，缺少的都是证据。

1986年喀纳斯被定为国家级自然保护区之后，前往旅游的人越来越多，人们总是迫不及待地爬上观鱼亭张望。然而十几年过去了，喀纳斯湖水却异常平静。是喀纳斯水怪销声匿迹了呢，还是它仅仅是人们过去的一个幻影？2003年9月27日，天空中乌云密布，湖面上狂风四起。喀纳斯管理局的赛力克和同事坐着汽艇去湖面巡视。下午7点左右，汽艇行至二道湾——整个大湖湖水最深的地方时，风声更加紧迫，山林中的野兽也跟着吼叫起来。大家心里一阵发慌。突然，在距汽艇约200米的地方，轰然一声掀起了一个巨浪。

据新疆地震台网报道，2003年9月27日19点33分，位于喀纳斯湖西北100千米处的中俄边境，发生了里氏7.9级的强烈大地震。事后，据赛力克和同事的回忆，他们并不认为那个跃起的物体就是一条大鱼。这一幕又把人们拉回了十几年前的那场争论。曾经作出的种种猜测现在突然变得支离破碎。水面上巨大的黑影、湖岸边动物的尸骨、深水中被撕裂的鱼网、巨浪下红鱼的影子——这一切或许毫无联系，或许全是巧合。但那天发生的一幕至少说明，在喀纳斯湖里的确有一个庞然大物，虽然几十年过去了，它却并没有消失……

（余立军）

水之战

巍巍太行，屹立于广阔无垠的华北大平原上。数千万年前，一次剧烈的造山运动使得华北平原被大自然的威力全力提升起来，从而形成了现在海拔 1 000 多米、峰峦壁立的太行山脉。而就在这峰回路转之间，你会发现一条河，一条缠绕在群山腰际的河。这是一条人工开凿的引水河渠——不足两米宽的渠道，向前看不到头，向后看不到尾，抬头是陡立的峭壁，俯首是数丈高的悬崖。呼呼的山风伴着哗哗的流水，奏出太行山间奔腾不息的宏伟畅想曲。究竟是什么力量造就了这样一条让人不可思议的空中河流呢？

红旗渠

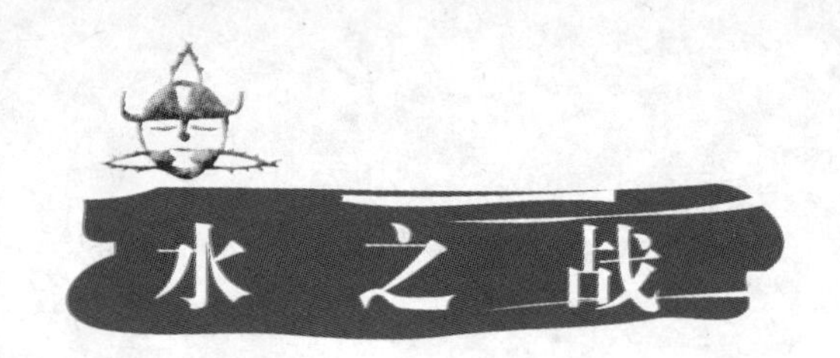

水之战

1. 水，自古缺稀

水是万物之源，正是这一滴滴透明的液体，决定了一切生命的存在。中国是一个泱泱大国，却以仅占全球6%的可更新水资源支撑着占全球22%人口的繁衍生息。自古以来，水资源的缺稀就困扰着人类每一步的生存和发展。

林县位于太行山脉东麓，该县的很多村落就散布于莽莽的太行山中。林县古来干旱缺水，在这里，随处可见一方方扎入黄土地的黑色石碑，上面记载着历年旱荒的情况。据《林县志》记载，从明朝正统元年到民国九年不足500年的时间里，共发生大旱绝收34次，其中5次悲剧中都出现了人吃人的惨状。祖祖辈辈的林县人都相信，是天上的龙王主管着人间四季的降水，所以他们广建龙王庙，虔诚地祈祷神灵的护佑。但数百年来，干旱带来的恐怖始终挥之不去。

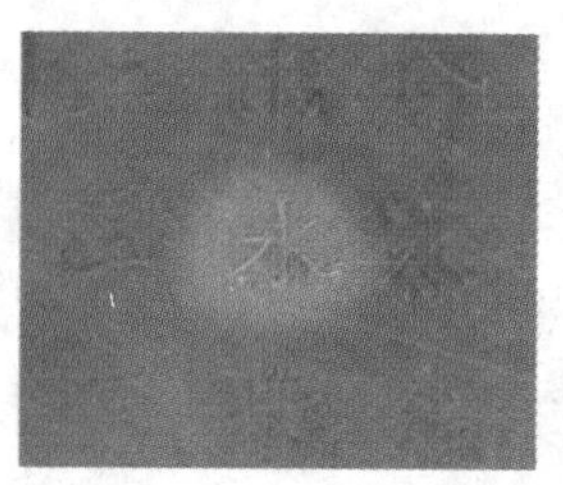

林县古来干旱缺水

1920年的除夕，年关将至。任村刚刚过门的新媳妇王水娥正高一脚、低一脚地行走在黑黢黢的山间小路上。她知道，一大家子人都等着这担从几十里外的黄崖泉挑来的水，没有水，这年就没法过。焦急间，她不由自主地加快了脚步。但是，

林县

西汉开始置县，因太行山脉隆虑山纵贯全境，故取名隆虑县。东汉时避殇帝刘隆的名讳，改为林虑县。南宋升为林州，明代改为林县。1994年元月，撤销林县设立林州市，现辖14个镇、3个乡、545个行政村，总面积2 046平方千米，人口100万。

太行山脉

王水娥没有熬到新年，一桶水的倾覆剥夺了她作为一个人的全部权利，包括生存的尊严——她在除夕夜里上吊自尽了。这是发生在林县的一个真实的故事。为了水，人们想尽了办法。无数口深井打下去，一米又一米，看到的却只有泥土。长期的干旱已经使山区的地下水资源变得极为稀缺。在当地，一口水井往往被好几个村庄共用。除了挖掘水井，林县人还开凿旱井，以期把雨季的雨水积攒起来留待旱季使用。然而十年九旱，在其他地方看来平常的雨水，在林县却是大自然极其吝于赏赐的一种稀罕物。

几个村庄共用一口井

水，难道真要把几十万林县人推向绝路吗？

2. 逼上太行山

1960年2月11日，旧历的元宵节。在中国的传统中，这是一个合家欢聚的日子。黎明时分，一支浩浩荡荡的队伍急匆匆地行进在太行山中的山道上。一张张冻得红通通的面庞上呈现出“人定胜天”的坚毅神情。他们知道，他们将去参加一场

《林县志》

明成化间，邑举人马图撰《林县志》两卷，万历20年（1592）知县谢思聪得此稿，遂请邑人郝持、李若杞 等人据此编纂成书，继任知县孙梦柱为之序，并雕版问世。清代凡四修，民国后一修，出版于1932年，存书尚多。

修渠的人们在悬崖绝壁上

战役，一场关乎自己、家人、朋友和林县未来的战役，一场值得用生命去抗争的战役；他们更加知道，这是一场和大自然进行的规模空前的命运决战，只能胜利，不能失败。走在队伍最前面的中年人叫杨贵。1954年，26岁的他到林县上任。尽管对林县的干旱缺水早有耳闻，但杨贵还是没有预料到，实际情况远比自己想象的要严重得多。从此，他一生的命运就与林县，与这场寻找水源的决战连在了一起。在那个崇尚英雄的年代，那个振臂一呼应者云集的年代，杨贵的名字也伴随那一段故事成为一个永久的历史性标志。

杨 贵

3. 到哪里去引水？

天上要不来，地下求不到，人们的面前只剩下最后一条路——修渠引水。但是，到哪里去寻找水源呢？林县南部的淇河与淅河，应该是最为可行的引水点。在杨贵的带领下，全县人民用了3年时间，开凿出一条长达330千米的英雄渠。1958年5月，当滔滔淅河水沿着英雄渠流过来的时候，每个人心中都长长地松了口气。然而到了1959年，英雄渠便断流了。这一年一冬无雪，一夏无雨，形成了可能是林县有史以来最厉害的一次旱灾。受灾最严重的村落，平均亩产粮食不足二两。井塘、水库都干涸了，林县境内所有的河流都绝水了，那条被林县人视为命脉的英雄渠断流了。为了水，人们不得不再度翻山越岭，长途跋涉。杨贵彻夜不眠。林县人最大的奢望，无非是有一道清亮的渠水流过门前。这样一个简单的愿望，却似乎永远只能是一个梦而已。大自然对林县是如此不公，不靠人类自己，又有谁能拯救这片干旱的土地呢？杨贵肯定地告诉自己，要想林县有水，一定还是要修渠引水。但是，到底该到哪里去引水呢？这一次，杨贵把目光投到了林县北部与山西平顺交界的浊漳河。浊漳河长年流量有20多次，枯水旱季也有十几个，如果能够开凿一条人工河渠，把浊漳河的水引入林县盆地，然后从分水岭向南、东、东北3个方向修建3条干渠，就可

红旗渠总干渠一角

为了水，人们不得不一次次翻山越岭

以使全县大部分土地得到灌溉。到那时候，林县很可能就会成为一个新时代的鱼米之乡了。浊漳河源于山西境内，它的流向使其自然而然地成为某一地段上河南和河北两省的界河：北面是河北的涉县，南面是河南的林县。远在战国时期，魏国郡守西门豹曾经引漳水治邺，富足了一方百姓，留下一世美名。那个时候的邺郡，也就是今天河南省的安阳，距离林县不过50千米。不过，当年西门豹引水的地方是平川，而今浊漳河流过林县北部地段的15千米全部都是峡谷陡壁，河床低下。如果从这一段引水，根本无法通过海拔470米的分水岭，灌溉范围也只能局限于林县北部的十几个村落。远水不解近渴，正因为如此，世世代代的林县人只能守着浊漳河叹息。

4. 规划“天河”

1959年初冬，一支工程勘测队从林县向北出发，寻找合适的引水线路。几经测量，勘测队得出结论：引漳入林是可行的。勘测队将引水地点最终锁定在山西平顺境内的侯壁断，从渠首到分水岭，全长71千米，水流落差15米，这就是引漳入林工程的总干渠段。理论上讲，漳河水应该能够引得过来。为了争取较大的灌溉面积，总干渠采取平缓的坡降，平均每8 000米下降1米。这就意味着，必须穿越太行山腰。整个渠线始

勘测队寻找合适的引水线路

浊漳河

河北省南运河的一支漳河分为清漳河与浊漳河。浊漳河属海河水系，分南、西、北三大源流，南源出于长子县发鸡山；西源发源于沁县漳源镇；北源发源于晋中地区榆社县。该河在境内流长150千米，于平顺入河北省。

终要在半空中穿过，从而将会形成一条缠绕于太行山间的"天河"了。从1959年10月到1960年2月，引漳入林的路线勘测反复进行了4次。随着勘测工作的深入，大家的心情也越来越激动。如果施工顺利的话，水一定可以流过来。于是，一条长长的白线清晰地出现在太行山的蓝图上，这就是未来的引水渠，以后举国闻名的红旗渠。

红旗渠源头

刚刚步入20世纪60年代的中国，国家经济正面临着重重困难，艰巨的引漳入林工程正是在这种情况下上马的。此时，国家并不能给予充分的经济支持，小小的一个林县，能挑得起这付沉甸甸的担子么？引漳入林是每一个林县人的梦。然而，没有人能够征服太行山。很多年以来，世世代代的林县人

西门豹（前475~前421年）

西门豹其人其事，载于《史记·滑稽列传第六十六》，战国时魏国人，著名的政治家、军事家。他曾为邺令，漳水为害，他破除当地的"河伯娶妇"迷信，又率人勘测水源，发动百姓在漳河周围开掘了12渠，使大片田地成为旱涝保收的良田。

只能望山兴叹。在那壁立如刀的悬崖绝壁上，连立足之地都很难找到，要凿出一条水路来，又谈何容易！是继续在干旱中苦熬下去，还是孤注一掷与自然苦战一次？经过反复考虑之后，杨贵做出了他一生中最重大的一个决定。

5. 水往高处流

1960年元宵节，10万林县民工进入了茫茫太行山。对于每一个身在其中的人来说，所有的想法归结起来也许只有4个字：人定胜天。人们都天真而执着地相信这一点，以至于很少有人去考虑这一工程方方面面的难度。当时，人们简单地认为，80天就可以挖一米，7万余人一起上阵，不到3个月应该就能完工。于是，工程在轰轰烈烈的气氛中展开了。但是，谁也没有想到，随后而来的远远不止计划中的80天，而是艰难的10年。71千米仅仅是地图上的距离，如果随弯就势，两倍也不止。80天挖一米在平地上固然可行，可是要在太行山的悬崖绝壁上开出一条通路来，其难度决不亚于登天！71 000千米的太行山腰上，7万余人摆开了一条“长蛇阵”。然而施工不久，问题很快产生了：战

穿行在太行山腰的干渠

10万余人开始了开渠引水的浩大工程

线太长，无法统一指挥，很多地段开凿的渠线产生严重偏差。一个月过去了，太行山上只留下一些坑坑洼洼，通水的日子看起来遥遥无期。很多人开始怀疑，远在山那边的浊漳河水，真的能从空中流过来吗？杨贵感到肩头上的责任无比沉重。他再次打开地图，盯着那条长长的白线，凝神思考：既然工程难度如此之大，长线作战的方针就实在不可取。何不集中所有力量，先解决首要问题呢？想到这里，他突然来了精神，眼光在的图上仔细搜寻着，最终落定在山西境内的一块图面上——如果这一段能够顺利竣工通水，所有的疑义都会灰飞烟灭。杨贵让所有工人陆续集中到山西境内，把所有的力量都投入这短短的41千米。这是关系整个红旗渠命运的一个开端，也是整条总干渠路线中地势最为险峻的一段。浊漳河水在峡谷中奔腾咆哮，急流向前，岸边的人们看着它，心中都在问同一个问题：如何才能让水流上岸边的太行山呢？难道水能够往高处流吗？这是红旗渠工程至关重要的第一步：必须在水中建起一道拦河坝，拦腰斩断河水，把水位抬到需要的高度，使水流具有足够的势能，沿着预定的引水线路流进引水涵洞。几十天过去了，大坝一点点合龙，龙口只剩下最后十几米的时候，水流越发湍急，扔下去的石头和沙袋转瞬即逝。如果时间这样拖延下去，一旦汛期到来山洪爆发，截流就根本没有可能。此时正是春寒料峭的季节，工人们纷纷跳入河中，用血肉之躯挡住冰冷的河水。暴躁的漳河水在人墙面前作着最后的挣扎，最终平静下来了。岸上的人们争分夺秒，打桩筑坝，经过数十小时的奋战，大坝终于合龙了。

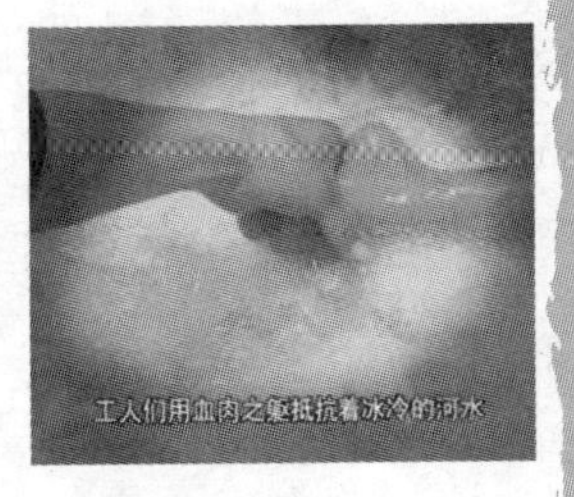

工人们艰难地开凿着红旗渠

1960年5月1日，漳河水终于按照人们的意志流进红旗渠源隧洞。但这仅仅是修建红旗渠的第一步，在林县人面前，还有一座高不可攀的太行山。计划中完成总干渠的时间仅仅足够筑成一道水坝，真正的开山修渠工作尚未开始。离水到渠成还要花多长的时间？前面究竟还有多少艰难的工作在等待着他们呢？

6. 征服鸻鹉崖

1960年6月12日，牛岭山鸻鹉崖。经过连续的爆破之后，山石开始松动，有的已经摇摇欲坠，半山腰上施工人员的生命安全顿时笼罩在一层阴影之中。突然，山石凌空落下，巨大的石块从山上滚落下来……这是修渠大军进驻鸻鹉崖以后，发生的第三次施工事故。时间过去了几十年，曾经亲眼目睹那场事故的任羊城仍然心有余悸。他回忆道，那场事故中有9人丧生，其中最小的是个19岁的姑娘。鸻鹉崖发生的一连串的重大伤亡事故，使工地笼罩在一种异常阴郁的气氛中，工人们忐忑不安，惟恐更大的灾祸发生。更有甚者，有人传言是开山放炮的声音惹恼了山神。任羊城当然并不相信这些，他想，如果要保证继续施工，首先必须先想办法除掉悬崖上松动的石头。然而那一块块巨石悬在直上直下的峭壁上，除非是长了翅膀，否则，人怎么上得去呢？经过讨论和选拔，一支专门负责除险的队伍组成了，任羊城任除险队队长。当时，不管是对任羊城，还是其他除险队员来说，这项工作并没有太多的经验可以参照。除险者不但需要具备熟练的攀登技术，更需要有过人的勇气和胆量。一般来说，工人们先把绳子的一端固定在悬崖顶端，然后用钢钎打成坚固的三角套桩，绳子经由套桩后形成缓冲，再把另一端牢牢地系在除险人的腰间。每个除险小组有3名成员，一人下悬崖除险，另外两人在峰顶看护绳索，以保证安全。

在鸻鹉崖的东段，有一片凹进去的石壁，名叫鸻鹉棱。在这里，除险者只能像

开山修渠工程遇到了重重的困难

红旗渠分水岭水电站

荡秋千一样，借助绳索的摆动接近石壁，在与石壁接触的瞬间完成除险任务。山谷内山风呼啸，人在空中就像一只随风飘荡的风筝，在半空中团团转。绳子随时都有可能被山石绞断，除险人随时都面临着跌入深谷的危险。不仅如此，如果身体在空中失去控制，就会与山壁相撞。即使这两方面都不出意外，除险者头顶上不时掉落的碎石也是威胁生命的重大隐患。当年的任羊城数次化险为夷，从死神手中捡回一条命来。而今，年迈的他心中不无遗憾，因为今天的红旗渠畔几乎已经找不到一个能够具备当年除险队员那样飞越悬崖绝壁本领的人。现在的太行山上也偶尔有一些悬在山崖上的采药的山民，看到的人最多只是觉得很好奇，而当年那种生死攸关的心情已经很少有人能够体会了。1960年9月，红旗渠穿过鸻鹉崖。一个月后，红旗渠第一期工程山西地段竣工通水。

7. 凿通“小鬼脸”

此时，漳河水已经流到林县边境，人们心中不再怀疑，那个通水的梦近在眼前。但是，前面距离分水岭还有漫长的30千米，过了分水岭还有漫长的干渠支渠要修建，未来的路又将会遇到怎样的艰难险阻呢？

青年洞是太行山区著名的风景旅游区，每年夏季，数以万计的游客来此观光。当年，这里曾是红旗渠总干渠的重要地段。这面巍峨耸立的山岩又叫“小鬼脸”，是红旗渠工程的又一个艰难地段。“小鬼脸”的整个山壁呈“弓”字形，一面是高

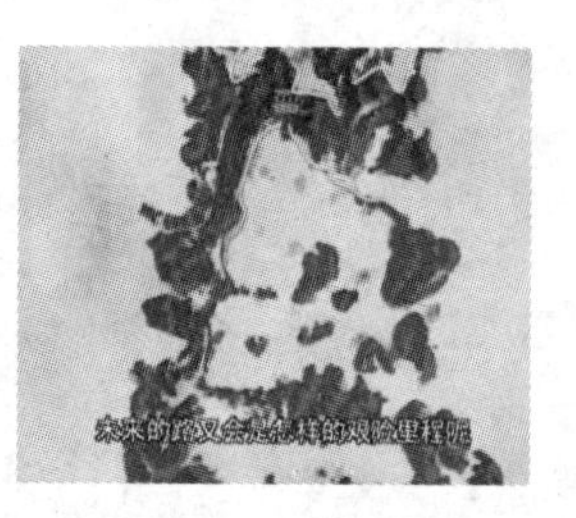

一支专门负责除险的队伍组成了

山当道，一面是万丈深渊，地势非常险要。如果按照以往的惯例修建环山明渠，渠线将长达2 000米，绕一个大弯，相当费工费料。经过分析，修渠人决定采取另一种方案：与其给大山让路，不如不避不让，直接在这张“鬼脸”上打出一个洞来。经过反复测量得知，开凿这样一座山洞，总长度为616米，比一个足球场的周长还要长。而且，这616米的长度并非是一条直线，开凿过程中一旦出现渠线偏差，渠水便不能顺利通过，整个红旗渠工程就会前功尽弃。工程在一寸寸向山体腹部挺进。但是越往里进，石质就越坚硬。这里属于石英砂岩层，其硬度几乎已经高于一般的日常铁制工具。锤子打下去，往往只能留下一个白点，借来的唯一一部风钻机，只钻了30厘米，就毁掉了40多个钻头。一切只能靠人力一锤一锤地苦

苦凿进。工程举步维艰，每天的进度徘徊在30~40厘米。这样算下来，别说红旗渠，光凿通616米的青年洞也要花上6年时间。

1961年，全国性的自然灾害日渐加剧，国民经济进入极度困难时期。这一切，对于正在修建中的红旗渠无疑是雪上加霜。不仅如此，食物、资源也变得紧张起来。对于这样一个浩大的工程，如果连工人们的基本生存都难以维持，后果可想而知。面对一道道难关，修渠人振作精神，坚强地挺了过来。他们吃河草、住石洞，想尽办法克服因食物和资金缺乏而带来的各种困难，动用一切可以利用的资源，自己动手解决面临的一切困境。此时此刻，作为红旗渠工程总指挥的杨贵，则面临着更大的压力。除了要解决工程中出现的大大小小的问题，他还要面对可怕的流言蜚语。有人说他为了个人利益，置成千上万工人的死活于不顾。杨贵陷入了极大的心理矛盾之中。已经花费了那么大的人力物力，如果漳河水仍不能按照最初的设计流过来，那么多民工的心血，还有那几十条人命，自己一个人怎能担当得起呢？杨贵常常回想起他童年时祖母常给他讲的一个故事：在家乡汲县有一

当年的青年洞如今已开辟成风景旅游区

个常常缺水的村子。有一年，全村的老百姓兑钱兑粮，集资修建盘山小渠引水到村。但是，等渠道建成，水却流不过来。经过调查，人们发现问题在于当初的测量不准确。负责修渠的主持者最终因此上吊自杀了。每次想到这事，杨贵不禁眉头紧锁，心中的焦虑和忧愁不言而喻：红旗渠的修建会不会出现这样的情况？红旗渠修成之后到底能不能通水？

1961年10月，中央下达了关于“困难时期，百日休整”的文件，所有正在建设中的国家大型工程必须马上停工，等待国家经济好转。杨贵再一次面临着艰难的抉择。红旗渠已经修了一半，难道就此半途而废吗？如果工程一搁几年，将来是否仍然能够唤起这些好不容易聚合起来的人气呢？经过慎重的考虑，杨贵再一次做出

了决定：坚决不能停工，坚决把修渠人的心留在渠上。一方面，他下令通知全线民工下山回家，生产自救；另一方面，他精心挑选了300名青年，安排他们继续留在“小鬼脸”，克服一切障碍，完成凿通“青年洞”的任务。在被要求停工期间，工程领导班子便派人放哨：上级专门派出的调查组来检查工作了，便在半山腰摇红旗停工；调查组走了，晃绿旗继续开工。为了加快进度，工人们设计出新的施工方案：在青年洞外侧的绝壁上开凿出5个侧洞，每个侧洞可以双向施工。因此，在同一时刻就可以有12个工作面同时开工。这样一来，整个青年洞被分割成6个分段，每个分段已经接近直线，因为青年洞的弯曲造成的施工难度大大降低了。但是，最终要把12个工作面连成完整的一体，又无疑给工程测量人员增加了极大的难度。但是，队员们没有放弃。他们天天爬上绝壁测量、听声音。“皇天不负有心人”，在距离青年洞工程开工1年零5个月的时候，人们已经可以清晰地听到来自对面的声音。1962年7月15日，青年洞工程顺利竣工。

红旗渠分水闸

红旗渠在一寸寸地向前延伸，前面到底还有多少座高山挡路，红旗渠还要修多久才能完全通水，

工人们设计出新的施工方案

红旗渠

以浊漳河为源，渠首在山西省平顺县石城镇侯壁断下。红旗渠的总干渠墙高4.3米、宽8米、长70.6公里。人们利用红旗渠居高临下的自然落差，兴建小型水力发电站、水库，已成为“引、蓄、提、灌、排、电、景”相结合的大型灌区。

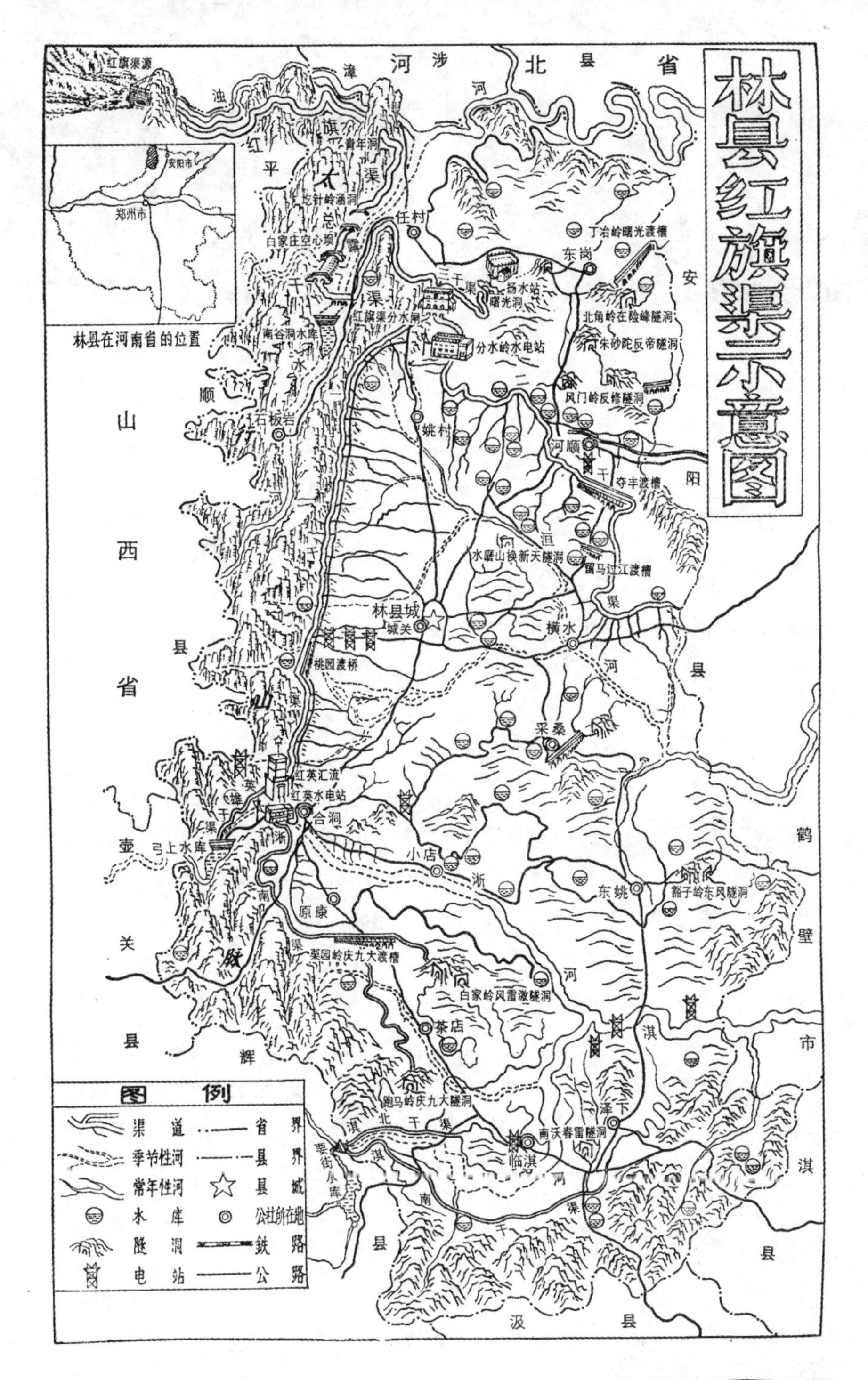
林县红旗渠示意图
红旗渠源
浊漳河
涉县
河北省
青年洞
红旗渠总干渠
太行山
平顺
山西省
壶关县
辉县
安阳县
鹤壁市
淇县
汲县
林县在河南省的位置
安阳市
郑州市
任村
丁冶岭曙光渡槽
东岗
空心坝
白家庄空心坝
三干渠
扬水站
曙光洞
红旗渠分水闸
分水岭水电站
北角岭在险峰隧洞
朱砂陀反帝隧洞
南谷洞水库
风门岭反修隧洞
石板岩
姚村
河顺
二干渠
夺丰渡槽
水磨山换新天隧洞
留马过江渡槽
林县城
城关
横水
桃园渡桥
采桑
红英汇流
红英水电站
合涧
弓上水库
英雄渠
浙河
小店
东姚
豁子岭东风隧洞
原康
南谷渠
渠园岭庆九大渡槽
白家岭风雷激隧洞
茶店
跑马岭庆九大隧洞
北干渠
要街水库
临淇
南沃春雷隧洞
泽下
淇河
南干渠
图例
渠道
季节性河
常年性河
水库
隧洞
电站
省界
县界
县城
公社所在地
铁路
公路

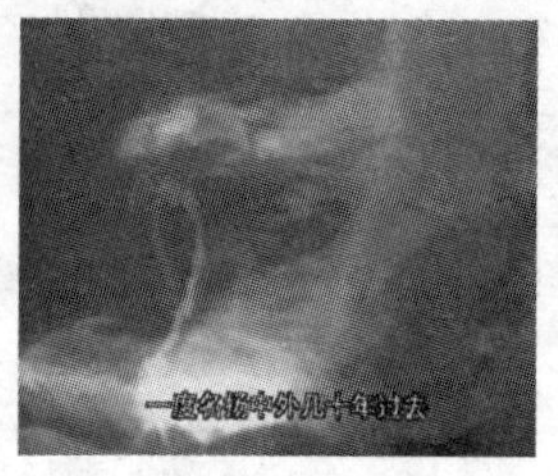

1969年10月，红旗渠干支渠配套工程全部完工

没有人去考虑这些。所有的人只相信一个简单的理由：只要这样不停地挖下去，不停地凿下去，终有一天，水会流过来的。

8. 总干渠通水

1965年4月5日，红旗渠总干渠通水。这一天，是中国旧历的清明节，但对于55万林县人来说，意义却不止于此。清晨，天刚亮，各村寨的人们就从四面八方赶往红旗渠总干渠分水岭。此时此刻，欢庆的锣鼓声和着哗哗的渠水声，奏出一曲“人定胜天”的胜利之歌，飘荡在林县上空。

从1960年2月到1970年10月，红旗渠干支渠配套工程全部完工。在10年的时间里，近20万林县人靠自己的智慧和勤劳，削平了1 250座山头，凿通了211个隧洞，架设了152座渡槽，建成了长达1 500千米的引水灌溉工程。其间，81人为修渠而英勇牺牲。有人做过统计，如果把修建红旗渠挖掘的土石筑成高2米、宽3米的墙，它的长度相当于从广州到哈尔滨的距离。当年的林县人没有机会使用任何现代化机械设备，他们仅凭一些原始而古老的工具就完成了这样一项浩大的工程，不能不让人惊叹。这条凝聚着数十万林县人心血的红旗渠，在上个世纪的六七十年代曾经一度名扬中外。几十年过去了，历史上那场为了寻找水源进行的战斗在今天的人们心中已经成了久远的记忆。喝着红旗渠水长大的新一代林县人已经难以理解那时的人们何以有如此的伟力：究竟是谁给予了他们力量？是某种崇高的精神，是某个传奇的英雄，抑或是那简单透明的一颗颗水滴？

9. 今日红旗渠

位于河北、河南、山西三省交界的浊漳河，默默地目睹着两岸世世代代的沧

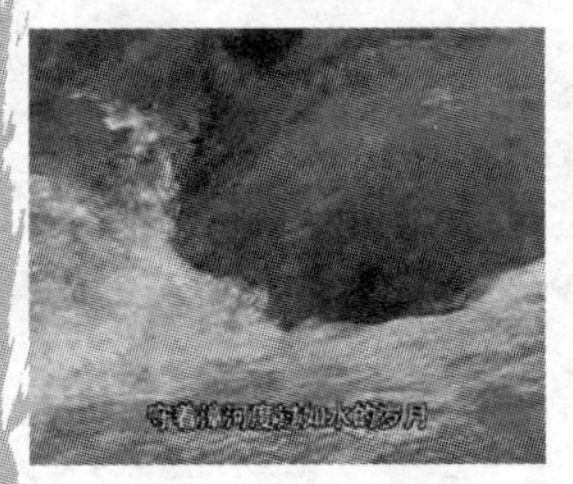

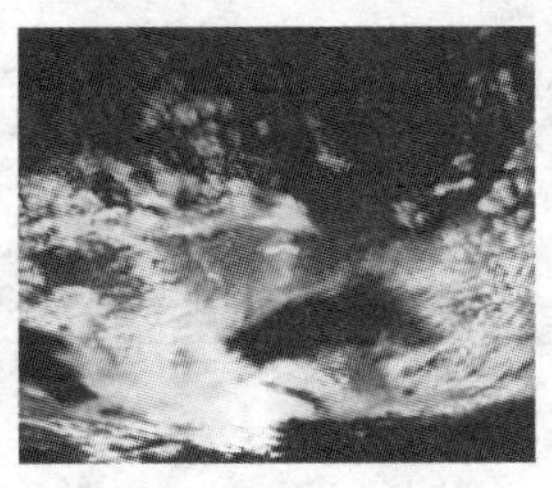

红旗渠竟然又遭遇到厄运

桑变化。“靠山吃山，靠水吃水”，世世代代的人们守着这条红旗渠的源水河度过了如水般悄然逝去的岁月。然而时至今天，随着两岸三省不断的开发利用，古老的漳河越来越难堪重负了。在三省交界处，围绕浊漳河水源产生的纷争时有发生，而那条曾经一度辉煌的红旗渠竟然成了人们攻击的目标。1989年8月22日，一声巨响之后，红旗渠上游渠墙被人为炸开了一个巨大缺口。绵延千余里的“人工天河”顿时全线断流。人们没有想到，这条曾经给无数人带来希望的“幸福渠”竟会遭遇到如此的厄运。那天，当年的除险队队长任羊城亲自跑到渠上去看，在场的几个人都抱头痛哭。10年艰辛修建的水渠，却在不到10秒钟的时间内毁掉了。这令当年的修渠人是何等的心痛啊！

后来，经过有关部门的协调，红旗渠中再度有了水声。尽管如此，红旗渠的水量已经大大减少了。在红旗渠的渠源所在地，那条用于阻挡浊漳河急流的拦水坝已经形同虚设。今天的林县，水资源的缺乏仍然是关系生存的首要问题。为了水，人们还在千方百计地寻找、探索。

当年的修渠人终于又听到了水声

“劈开太行山，漳河穿山来，林县人民多壮志，誓把山河重安排”。听到这样的歌曲，那些亲历当年水之战的人们依然会激动如昔。人定胜天，半个世纪以前的他们正是以这种意志与大自然作抗衡。时至今日，依然是这种意志激励着人们继续抗衡着大自然。然而，在人类与自然抗衡的漫长历程中，谁会是最终的胜利者呢？

（祁少华）

夜空中的利爪

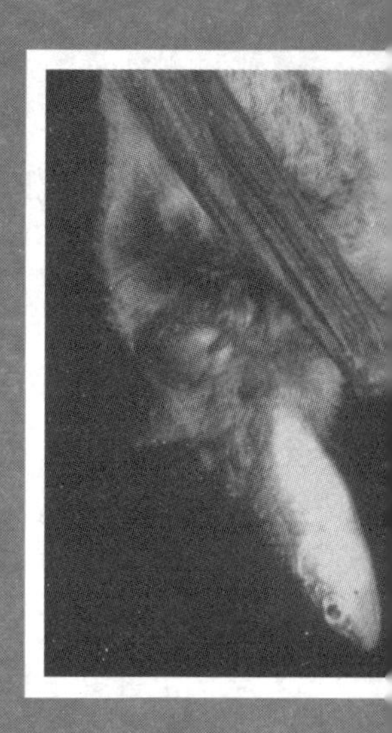

一种罕见的古怪动物：一对极其细小的眼睛，像老鼠的耳朵，突兀而尖利的牙齿。可是这小小的野兽，居然长着一双巨大的爪子，弯屈如钩、锋利无比。它们不仅相貌狰狞，而且生存环境极其神秘，尤其是它们巨大的双爪更像谜一般，深深困扰着所有的专家。

一桩搁置70年的悬案：它们会是一种怎样的生物?为何如此具有攻击性?它们巨大的双爪是做什么用的?它们是夜空的精灵，还是天生的杀手呢?年轻的动物专家将深入古老神秘的洞穴，搜寻黑暗中隐藏的真相。

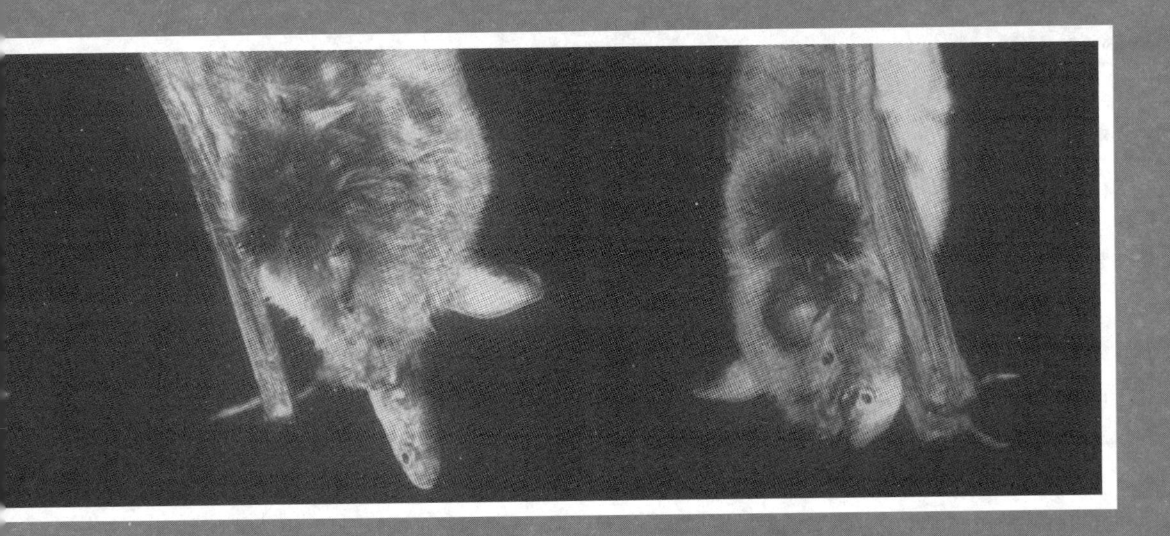

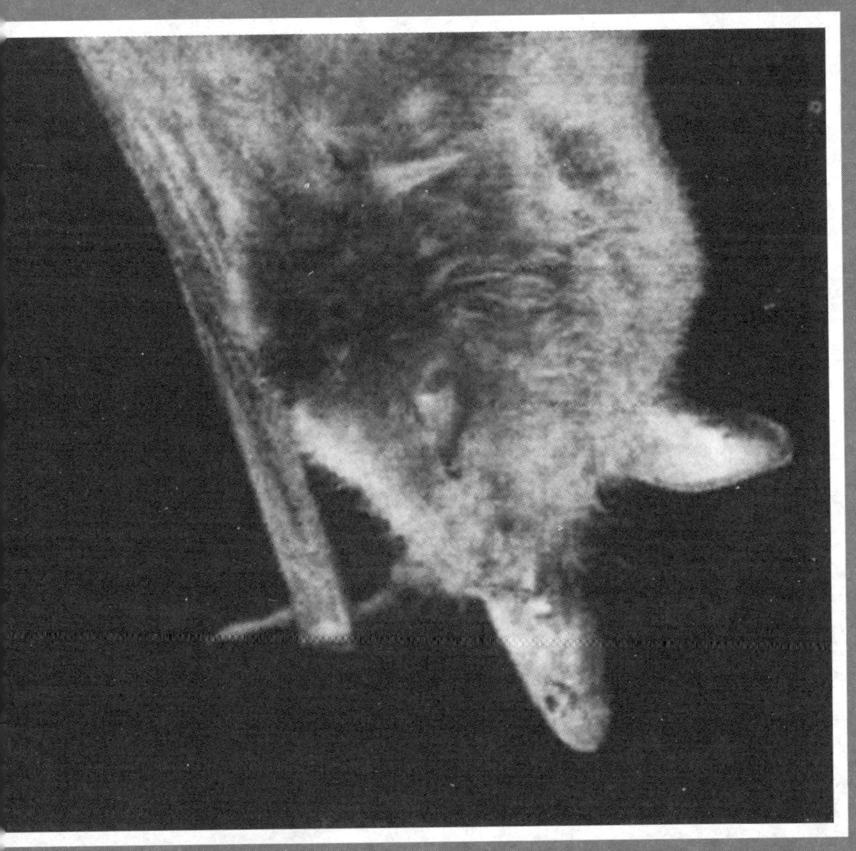

夜空中的利爪

1. 地狱来客

1936年的一个夜晚，在中国福州，美国博物学家艾伦被眼前身份不明的怪兽难住了。他第一次看到了一种古怪的动物：那是一个浑身透露着诡异气息的神秘生物，它的眼睛极其细小，耳朵像老鼠，牙齿却突兀而且尖利。尤为奇怪的是，这只小小的野兽，居然长着一双巨大的爪子，弯屈如钩、锋利无比。身为哈弗大学博物馆馆长的艾伦，也对它怪异的长相感到惊讶，因为他还从未见过如此怪异的生物。

近70年后的2001年，中国科学院动物学博士马杰在北京房山霞云岭的一次考察中，又意外地发现了那种怪兽。

一种古怪的蝙蝠

在华北平原的北部边缘，由西向东横亘着一座巨大的山脉——太行山。北京房山区的霞云岭乡就位于山脉的北部边沿，群山中至今留传着许多有关动物的神奇传说。2001年的夏天，为了搜寻未知的蝙蝠种群，中国科学院年轻的动物学博士马杰来到这里。

出乎意料的是，一连数天，考察队翻山越岭，别说是新物种，就连稀松平常的蝙蝠也难得见到。为何自然环境如此优越的山区，蝙蝠的种群竟如此稀少？

对于马杰来说，这实在是一次令人疲惫和失望的考察。

然而，就在结束考察的这一天，在当地老乡的家中，他却偶然听说了一个神秘的洞穴。

据当地老乡牛大爷说，距此4千米的山崖上有一个蝙蝠洞，10年前他曾经去过。根据牛大爷的描述，那是一个异常恐怖的去处，洞穴中不仅险象环生，而且蝙蝠的数目多到令人恐惧的地步。

它们会不会恰巧就是从未发现的新物种呢?但是，考察队当天就得撤离，马杰不得不放弃了前往探察的打算。

但自从听说了四合村的神秘山洞以及蝙蝠密布的传说后，马杰就一直盼望着能到实地一探究竟。这一年的冬天，他终于有机会再次来到了霞云岭。

他知道，蝙蝠是一种极难接近的动物，研究起来非常困难。不过，严寒的冬季倒是一个好机会。因为只要找到它们的冬眠地，就有可能接近它们。

在进山的路上，当地人听说他要去蝙蝠洞，表情都显得有些异样。在马杰的一再追问下，村民终于透露了心中的不安。原来，马杰要去的蝙蝠洞在当地十分有名。据说，洞内一层接一层，永远走不到头。洞中还有一条看不到尽头的黑水河挡住去路，任何东西只要掉入水中，都会自动沉没，从无例外。更为惊人是：有人坚持说曾在洞内亲眼看到一张铜制的方桌，上面摆放着奇异的铜杯和铜碗。它们一旦被移动，便会发出轰然巨响，洞口随之封闭，令人无路可逃。这时，不仅沉睡的巨蛇会瞬间惊醒，空中还会窜出无从计数的蝙蝠……

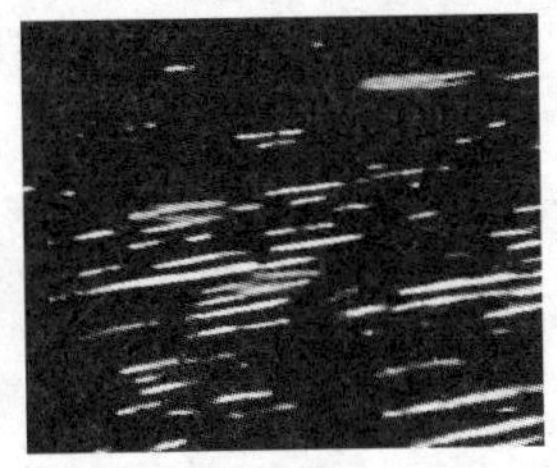

霞云岭的奇怪洞穴中有条黑水河

真有如此怪异之事?他们会不会故意在吓人呢?尽管马杰并不相信鬼神的存在，但是老乡们严肃的表情却像一片阴影，挥之不去。他在被采访时说："听到传说后就有些担心，总怕里面有什么东西……"但是，作为动物学博士的马杰虽对此深感疑惑，仍然决心深入蝙蝠的巢穴，亲自探察其中的秘密。

一个月前，这里下过一场大雪。如今山谷中的积雪仍有20厘米厚，空气寒冷刺骨。根据老乡指引的路线，经过整整一上午的跋涉，马杰来到了一座高大的山崖前。

房山

海拔2161米，是北京西南第一高峰。据房山史志记载有90多个洞，是北方最大的岩溶洞穴群；50万年前的周口店北京人遗址，是"北京人的故乡"；西周燕都遗址，是"北京城的发祥地"；山水秀美，使之成为中国北方著名的旅游观光度假区。

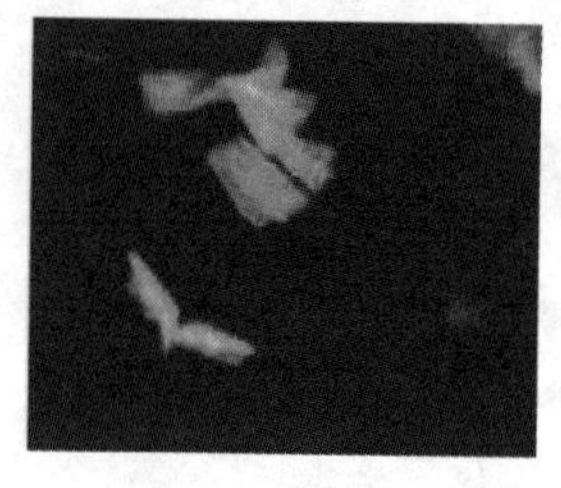

洞穴中有数不清的蝙蝠

那是一座由巨大石块构成的山崖。按老乡的指点，蝙蝠洞应该就这里，可山崖上除了一道围栏，却看不见洞穴的影子。

当他穿过围栏，一个黑糊糊的洞口立刻出现在了他的面前。那是一个滴水成冰的季节，马杰却意外地在洞口石壁上发现了许多淡绿色的苔癣，摸上去湿湿的，仍然鲜活无比。一进入洞口，一股潮湿而又闷热的气浪扑面而来。这里既看不到钟乳石，也找不到任何现成的路径，只有从天而降的巨大石块杂乱地堆在眼前。

四周全然是死一般的寂静，根本看不到蝙蝠的踪影。

作为中国科学院动物研究所博士的马杰在被采访时说："那个洞是很危险，大约走几米，或者10米左右，就有一个特别难过的关口，如一个小石缝，人又得从石缝里钻过去，而且地面特别的滑。那个洞是一个向下走的山洞，它的坡度大概是20°～30°的坡度，加上地面比较滑，进山洞的时候就很不顺利，走一段就得钻一个石缝或者小窟窿，身子只能挤过去。"

走进山洞的马杰感到前方的空间越来越窄，洞中潮湿而又闷热，压抑得让人透不过气。

两个小时过去了，马杰并没有看到传说中恐怖的巨蛇，但是，他却根本无法预料下一步将会看到的景象。

在洞穴的第五层，顺着手电的关闭，一只冬眠的蝙蝠忽然间出现在马杰面前，他心头不禁不为之一震，全身的疲惫立刻没了踪影。根据掌握的知识，他发现这是一种被称为"马铁菊头蝠"的常见蝙蝠，像花瓣一样的鼻子正是它的标志性特征。

在这一发现的鼓舞下，马杰又深入到了洞穴的第六层。在这里，他又有了新的发现。

他发现了一种白腹管鼻蝠……

蝙蝠

唯一真正可以飞行的哺乳动物，属于翼手目 Chiroptera。下分二个亚目，即大翼手亚目和小翼手亚目。全世界的蝙蝠约近千种。大翼手亚目的蝙蝠仅有一科，即果蝠，有约 170 种。小翼手亚目有 17 科约 760 种。它们多在傍晚及夜间外出觅食，发出超音波，以回声定位，来辨别环境、障碍或是食物。

而更令他意想不到的是，就在不远处，居然还有另一种完全不同的蝙蝠，名叫“中华鼠耳蝠”。

至此，马杰已在黑暗中摸索了3个小时，虽然发现了3种不同的蝙蝠，但是，它们却全都是常见的种类，而且总数只有10来只，非常之少。

那么，传说中数量惊人的蝙蝠是否真的存在呢？

在霞云岭，落日的余晖已经染红了大地。时间对于马杰越来越紧迫，如果还不尽快撤离，就意味着将不得不在夜间冒险下山。

动物学博士马杰来到霞云岭

马杰在发现蝙蝠的地方一一做了记号，打算顺着原路尽快撤离。可是，就在那时，他忽然闻到了一股特殊的刺鼻气味。循着手电的光束，他发现前方隐隐约约露出了一个幽深的洞口。

刺鼻的气味正是来自那里。可里边黑糊糊的根本看不到头，四周的岩壁更像是吸满水的毛巾，不停地滴水。马杰决心再做最后一次努力。

那是马杰从未见过的惊人场景：他发现了数量极大的冬眠蝙蝠。

看来老乡们并没有说谎，这里果然聚集着数量惊人的蝙蝠。

一阵惊喜之后，马杰发现，就在七八米高的洞顶，还有许多同样的蝙蝠正在酣然大睡——它们层层叠叠地挤作一堆，根本无法看清它们的特征。攀着湿滑的岩壁，马杰屏住呼吸、小心翼翼地爬到了最高处。

这一次，他终于看清了它们的面目。

令他意外的是，尽管处在冬眠期，这种蝙蝠却仍然有着极其罕见的攻击性。与

马铁菊头蝠（学名:Rhinolophus ferrumequium；英文名：Greater horseshoe bat）

隶属于翼手目（Chiroptera）、小蝙蝠亚目（Microchiroptera）、菊头蝠科(Rhinolophidae)、菊头蝠亚科(Rhinolophinae)、菊头蝠属(Rhinolophus)。本科本属北京市只此1种，全国约有20种，全世界则有80余种。菊头蝠最显著的特点是吻鼻部有皮肤衍生物，其构造看似叶状，故名“鼻叶”；因为这种菊头蝠的鼻叶呈马蹄铁形而得名。

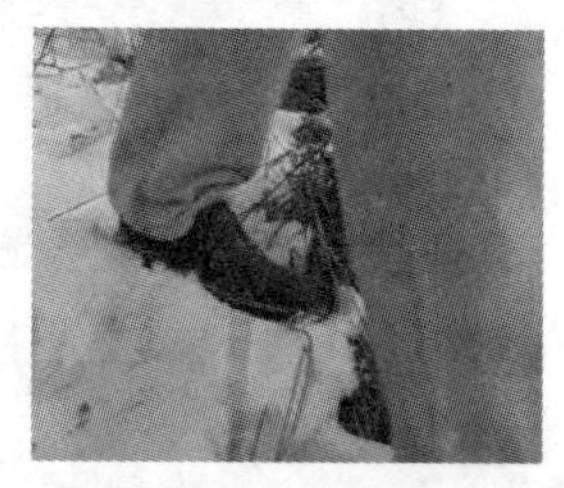

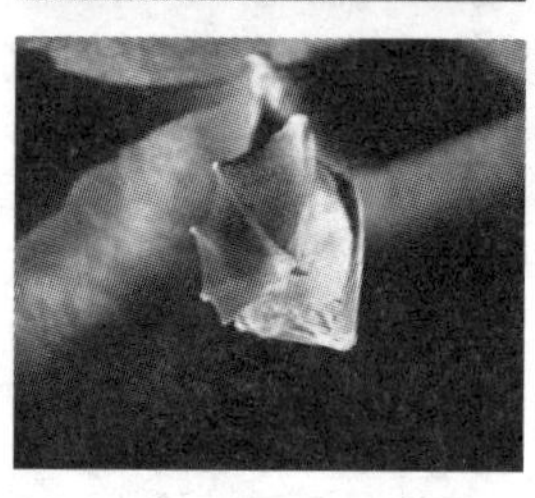

马杰千辛万苦地进入了蝙蝠洞

其他冬眠的蝙蝠不同，它们更加容易被惊扰，转眼间，便在洞内开始了急速盘旋。它们不仅长着吓人的面孔，浑身上下还充满了诡异的气息。

它们会不会是从未发现的新物种？马杰完全迷惑了。

在黑暗中，当马杰把它们与先前发现的几种蝙蝠对比时，立刻注意到它们还有一个更加奇特的地方。

马杰这样说："它们的爪子比较长，而且很尖利，弯曲得就像鱼钩一样。"

这正是重点所在。随后的测量结果更加惊人：它们的爪子居然比其他蝙蝠足足大出了一倍。它们的脚掌非常小，脚趾粗壮有力，长长的指甲更以不可思议的弧度弯曲着，活像一副锋利的铁钩，令人不寒而栗。

马杰怎么也想像不出世上还有如此怪异的蝙蝠。

他唯一能做的就是对它们的体形特征进行一一记录，不放过任何重要的细节。

那是一种行之有效的方法。在长期的研究中，人类已经搜集了几乎所有已知动物的重要数据，只要得到了这种蝙蝠的相关资料，他就有可能通过检索，确定它们是不是新物种。

回到北京之后，带着所有的数据，马杰来到了中国科学院图书馆。这是一个国际水准的专业图书馆，在浩如烟海的文献中，保存着世界上几乎所有已知动物的资料。不久，马杰的目光落在了一部并不起眼的著作上，由此他发现了70年前的一桩悬案。那是一部出自20世纪30年代的哺乳动物专著，书中记述了一段美国博物学家艾伦在中国的经历。

那是1936年，为了调查亚洲野生动物资源，曾为哈佛大学博物馆馆长的艾伦

白腹管鼻蝠（学名：Murina leucogaster；英文名：Greater tube-nosed bat）

隶属于翼手目（Chiroptera）、小蝙蝠亚目（Microchiroptera）、蝙蝠科(Vespertilionidae)、管鼻蝠亚科(Murininae)、管鼻蝠属(Murina)。

辗转来到了福州。这一天，一位协助调查的中国教员给他带来了一件奇怪的标本。艾伦很快就发现，那是一只十分特别的蝙蝠：它不仅面目狰狞，而且还长着一双令人恐怖的巨大爪子，弯曲如钩、锋利异常。在此之前，艾伦还从未见过如此怪异的蝙蝠，为此，他给这种蝙蝠取了一个形象的名字——“大足鼠耳蝠”。

马杰在北京发现的蝙蝠与艾伦描述的特征一模一样，所以应该也被称为“大足鼠耳蝠”，并不是什么新物种。然而，事情真的这么简单吗？

1994年，德国西部发现的一块罕见的蝙蝠化石曾吸引了全世界的目光。通过精确的年代测定，人们发现，这只蝙蝠的年龄居然已高达一千二百多万年。那是一个属于恐龙的洪荒时代：行星撞地球、恐龙倒下、蝙蝠在昏暗的天际振翅飞翔。

今天，灾难中得以幸存的蝙蝠，已经过千万年的进化，发展成仅次于啮齿类动物的第二大哺乳动物，据估计，它们的种类足有一千多种。

在它们成功生存的背后，科学家还发现了一个适用于所有动物的进化原则：它们身上的每一个特殊器官，都必然会有独特的功能与之对应。就像宽大有力的翅膀，对应着强大的飞行能力一样。

令马杰疑惑的是：在北京发现的蝙蝠，它的双爪比其他蝙蝠足足大出了一倍，如此罕见的古怪结构究竟意味着什么？

马杰这样表述他的困惑：“这种蝙蝠的结构为什么是这个样子呢？我们想它是不是对攀缘有一定的作用，于是我们就拿下了一只蝙蝠，把它放在石壁上，它很顺利就挂了上去，但是，会不会就这么简单呢？”

总之，中国科学院动物研究所的专家们分析了几种可能。

第一种可能——攀附。

在休息的时候，所有蝙蝠都会用爪子把身体倒挂在岩壁上，这是它们不同于其他动物的典型特征。问题是，大足鼠耳蝠巨大的爪子是不是专门用来悬挂呢？

白腹管鼻蝠和中华鼠耳蝠

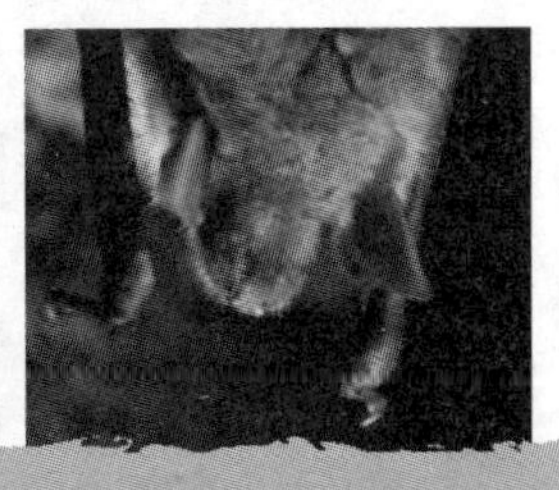

中华鼠耳蝠（学名：Myotis chinensis）

隶属于翼手目（Chiroptera）、小蝙蝠亚目（Microchiroptera）、蝙蝠科(Vespertilionidae)、蝙蝠亚科(Vespertilioninae)、鼠耳蝠属(Myotis)。体形较大，是鼠耳蝠中体形最大的一种，前臂长66~70毫米。耳大，其尖端稍弯向吻部，耳珠长，约为耳长的一半。身体背面呈橄榄棕色。吻部毛为灰色，其他部位毛带灰褐色。下颌至腹部毛呈灰黑色，体侧黑棕色。

马杰发现，一般的蝙蝠在休息时，它们的身体都与岩壁完全垂直，仅仅依靠细小的爪子就能轻易负担起全身的重量。然而，与它们体重相当的大足鼠耳蝠却十分特殊。它不喜欢呆在水平的洞顶，而是偏爱明显倾斜的岩壁。休息时，更是手脚并用，根本不像其他蝙蝠仅用后爪悬挂。也就是说，如果仅仅为了攀附，它的双爪根本没必要长那么大，这巨大的爪子不可能是专门为悬挂预备的。

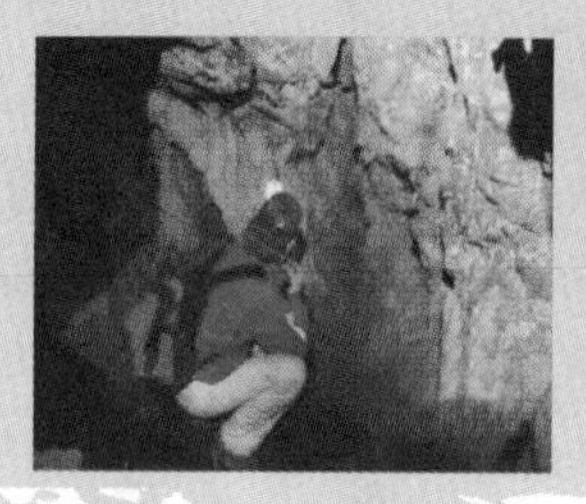

洞里传出刺鼻的蝙蝠粪便味

第二种可能——所吃的食物特殊。

问题是，什么样的食物才需要如此特殊的爪子呢？

事实上，全世界的蝙蝠可分为两种，一种是以植物的果子为食，也被称为果蝠；第二种，就是嗜血成性的吸血蝠。大足鼠耳蝠与这两种蝙蝠有着巨大区别。这样就剩下了唯一的一种可能：它们以捕食动物为生，比如昆虫。如果真是这样，那么，根据它们双爪的尺寸和锋利程度，所吃的昆虫很可能就是身披坚甲的甲虫，或者是体形巨大的蛾子。遗憾的是，在黑暗的洞穴中，冬眠的蝙蝠根本不需要进食，搜寻线索的任何努力都只能是徒劳。

因为不甘心，在中国科学院图书馆，经过反复的查找，马杰的目光再次落在了艾伦的文献上。

原来，70年前，艾伦不仅给这种蝙蝠取了名字，还从它们巨大的双爪中，得出了一个前所未有的大胆推测：大足鼠耳蝠与普通蝙蝠完全不同，它们不是以昆虫为食，而是一种罕见的、会用双爪捕鱼的特种蝙蝠。

蝙蝠怎么会吃鱼呢？稍有常识的人都会想到，蝙蝠身上的毛发没有丝毫的防水能力，一旦扎入水中，它们将会丢掉性命。作为博物学家，艾伦当然清楚自己的紧要工作是搜寻它们吃鱼的直接证据。

除了人类之外，几乎所有的野生动物吃鱼时，都是囫囵吞下，这时胃壁就会分泌出消化酶，一段时间之后，鱼的肌肉和内脏都会消化殆尽，而并不起眼的鱼鳞和鱼骨却会留下来。

要想证实蝙蝠有没有吃鱼，最直接的方法就是到它们的肠道和胃中去寻找，看看有没有留下鱼的线索，尤其是鱼鳞和鱼骨。

当时标本只有一件，解剖工作必须谨慎进行。当艾伦从蝙蝠体内取出黏糊糊

奇怪的蝙蝠在冬眠中仍具有罕见的攻击性

的肠道之后，发现肠道内空空荡荡的，找不到有用的线索。就在这时，蝙蝠的胃中隐约透出了黑色的影子，这会不会是鱼的残留物呢？

结果很快出来了：胃中的黑色物质，全都是昆虫的残肢，连一丁点鱼的踪迹都没有。

看到此，马杰发呆了。令马杰百思不解的是，就在这样的情况下，艾伦仍然坚持自己的推测，认为大足鼠耳蝠可能会吃鱼，他唯一的根据就是它们形同鱼钩的巨大爪子。

曾为哈弗大学博物馆馆长的著名科学家，为何会在毫无证据的情况下，仍然坚持自己的观点呢？满肚子都是昆虫的蝙蝠又怎么会吃鱼呢？它们巨大的爪子会不会还隐藏着不为人知的神秘功能？

70年来，这一种被称为“大足鼠耳蝠”的诡异蝙蝠不仅相貌狰狞，而且生存环境极其神秘，巨大的双爪更像谜一般，深深困扰着所有的专家——它们会是一种怎样的生物？为何如此富于攻击性？它们巨大的双爪又是做什么用的？

2. 风中的线索

我们已经知道，2001年冬天，在北京郊外的霞云岭，在那群山中隐藏着一个名叫“蝙蝠洞”的神秘洞穴里，动物学博士马杰在洞穴的深处，终于看到了传说中的奇异蝙蝠——大足鼠耳蝠。这是一种十分诡异的蝙蝠，尽管处于冬眠期，它们却显得异常活跃。而令人吃惊的是，在70年前，美国博物文家艾伦，曾经对这种神秘的洞穴生物——被称为“大足鼠耳蝠”的古怪蝙蝠，有过一个著名的推测：它们可能是一种会吃鱼的罕见蝙蝠。不幸的是，他只有一个非常间接的证据——在大洋彼岸的美洲，生活着两种已知的食鱼蝙蝠：索拉纳兔唇蝠和墨西哥鼠耳蝠，与中国的大足鼠耳蝠一样，它们也有一双巨大的爪子。问题是，在中国发现的大足鼠耳蝠与它们不仅远隔重洋，生存环境也有着天壤之别，难道仅仅结构相似，就一定也会吃鱼吗？

为了找到其中的答案，马杰把目光对准了蝙蝠留下的粪便。但是，他却很快发现其中只有昆虫的残肢，看来它们根本不吃鱼。但是这样的结论却无法解释它们那双无比巨大的爪子，难道这双巨大的爪子竟然是进化的败笔么?

是啊，神秘的利爪究竟隐藏着怎样的秘密呢?来自大洋彼岸的证据，能否揭开最终的谜底?一场关系到进化论是否成立的研究即将展开。

马杰觉得艾伦的猜想是一个不可思议的推测。由于冬眠期的蝙蝠不会进食，要想证实它们是否会吃鱼，马杰不得不等待更合适的时机。

第二年，即2002年的夏天，马杰做好了所有的准备，再次来到了群山环绕的霞云岭。

令他意外的是，一进入洞穴，黑暗中便传来了蝙蝠独特的嘈杂声波。因为他的到来，在洞穴中引起了一阵剧烈的骚动，大量的蝙蝠都在空中急速飞舞。

这里仅仅才是洞穴的第一层，但从蝙蝠们诡异的身影可以看出，它们正是马

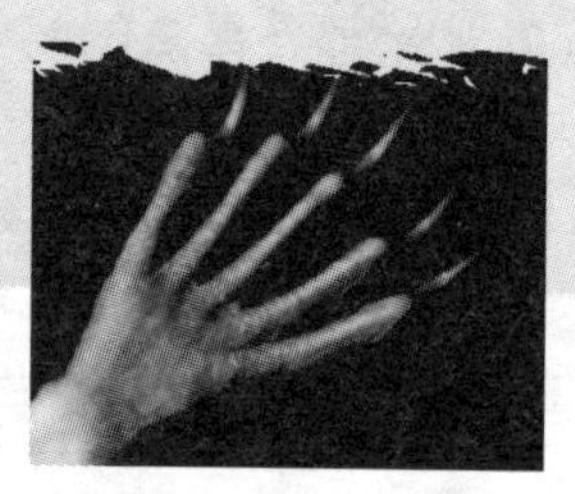
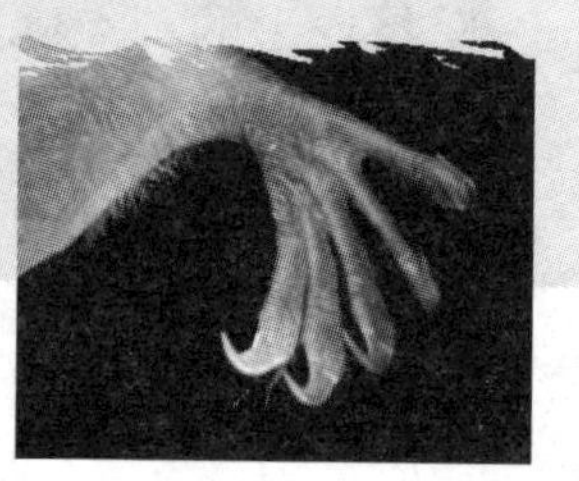

奇怪的蝙蝠长着奇特的面孔、大得出奇的爪子和锋利的爪钩

杰寻找的对象——大足鼠耳蝠。

在马杰看来，那个空旷的大厅正是它们夏季的栖息地。与冬天第一次看到大足鼠耳蝠不同，这一次，他的目的就是要设法揭开70年来，人们关于它们是否会吃鱼的所有猜测。然而，当他真正站在洞穴中的时候，却不由得对研究的前景担心起来。

马杰在被采访时说："有前人说大足鼠耳蝠可能会吃鱼，原因很简单，就是因为它后足发达，爪子很尖利。因为没有人做过实验，没有实例，没有实证，我觉得这个还是比较站不住脚。虽然后来的人都附和他的观点，我想没有一个人拿得出实际证据来，大家这么附和可能未必是正确的。"

在那个宽阔的大厅，马杰还面临着更加现实的困难：与它们狭窄的冬眠地不同，这个古怪的大厅从地面到洞顶足有30米，下方全是松散的石块，凌乱而又湿

滑，每走一步都充满了危险。他说："那个山洞特别的危险，还处于活动的状态，会掉下石头，蝙蝠在离洞底很高，大概有30米左右的距离，人和工具都很难接触到它。想到以后要长期到这样的地方做实验，更不要说在科研当中会遇到怎样的危险，所以当时我就感到很恐惧。"

在洞顶的石壁上，受惊的蝙蝠正急切地寻找着藏身处。所以，马杰进入洞穴不到10分钟，几乎所有的蝙蝠都躲进了洞顶岩缝之中，宛如蒸发了一般，无迹可寻。

看来，这是些无法接近的研究对象。

70年来，大足鼠耳蝠巨大而又尖利的爪子一直深深地困扰着每一个研究者，这是一双比其他蝙蝠足足大出一倍的罕见爪子。马杰想，既然人们至今无法证实它们会吃鱼，那么，它们古怪的巨爪会不会还有别的用途?或许这种喜欢群居的神秘生物，在捕食的时候也会集体作业。

要知道，在自然界，有许多生物都依靠集体的力量才得以生存，比如蚂蚁，它

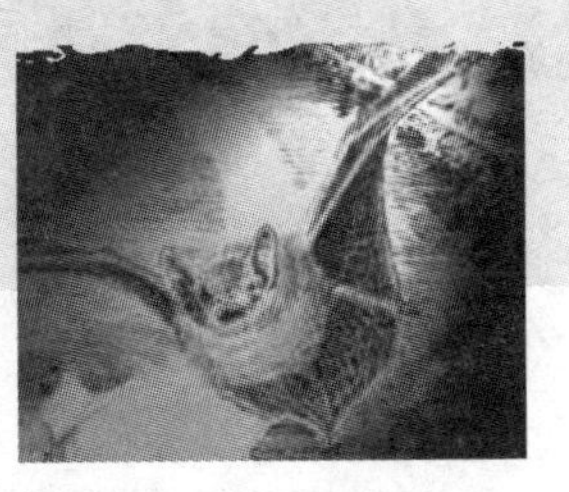

属于恐龙时代的蝙蝠化石

们甚至可以征服比自身大出数十倍的猎物!喜欢群居的大足鼠耳蝠很可能也会采用相同的策略。凭着它们巨大的爪子，结果必将非常惊人!它们或许会用爪子牢牢抓住猎物，再用锋利的牙齿插入要害，让它失血而死。

如果真是这样，不用说随处可见的千足虫，恐怕就连山谷中的毒蛇都不是它们的对手。

遗憾的是，人们对大足鼠耳蝠的了解还相当有限，关于它们的捕食方式仅仅只是猜测。

70年前，艾伦为了寻找大足鼠耳蝠吃鱼的证据，曾经在它们的体内，发现了昆虫的残肢。那么，它们巨大的爪子会不会专门用来捕捉昆虫?比如体形巨大的蛾子，或是身披坚甲的甲虫。在霞云岭，为了弄清山谷中的昆虫种类，寻找与大足鼠耳蝠相匹配的食物和大致数量，马杰乘着夜色，在室外架起白布，用强烈的灯光来

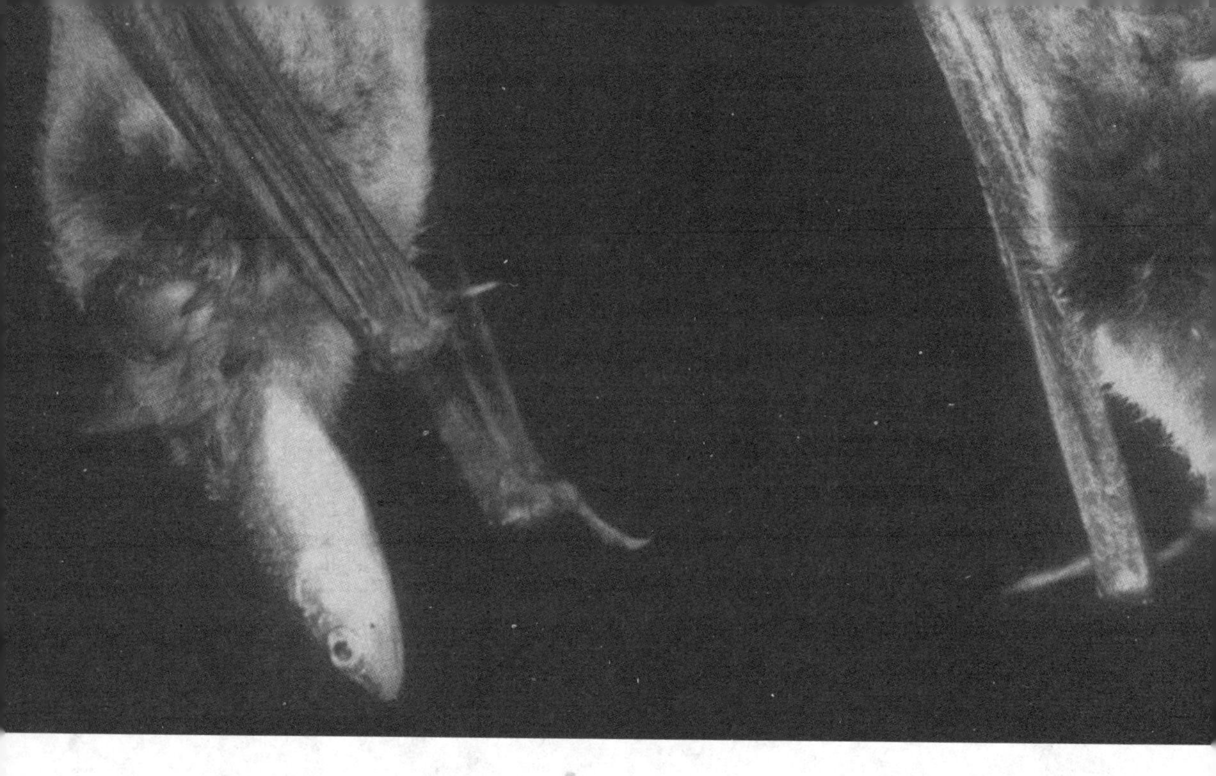

招徕山谷中的昆虫。

因为正值盛夏，这种看似简单的方法却格外有效。没多久，白布前就飞来了很多虫子。

从非常细小的蚊虫，到体形稍大一些的蛾子，不仅分属不同的种类，而且数量十分可观。只是从它们细小的体形上看，不太可能会是大足鼠耳蝠的食物。

将近一小时之后，大家期待的结果终于出现了，这是第一只体长超过两厘米的飞蛾。不久之后，他们又逮到了两种体形较大的鞘翅目昆虫。最令他们兴奋的就是一只体长超过五厘米的螳螂。

这一夜，马杰和助手一起，总共搜集到了20多种不同的昆虫，不幸的是，其中体形较大昆虫，只占不足百分之五的比例，数量非常少。

如果数以千计的大足鼠耳蝠都以体形巨大的昆虫为食，那么，它们众多的数量恐怕就成了问题，也许它们根本就找不到足够养活自己的食物。

在中国科学院的资料室，迷惑的马杰不得不寻求文献的帮助，如果能够查找到与大足鼠耳蝠结构类似的蝙蝠，知道它们如何使用巨大的爪子，或许会对揭开大足鼠耳蝠的谜题有所帮助。他最后发现：与大足鼠耳蝠结构类似的蝙蝠不在亚洲，

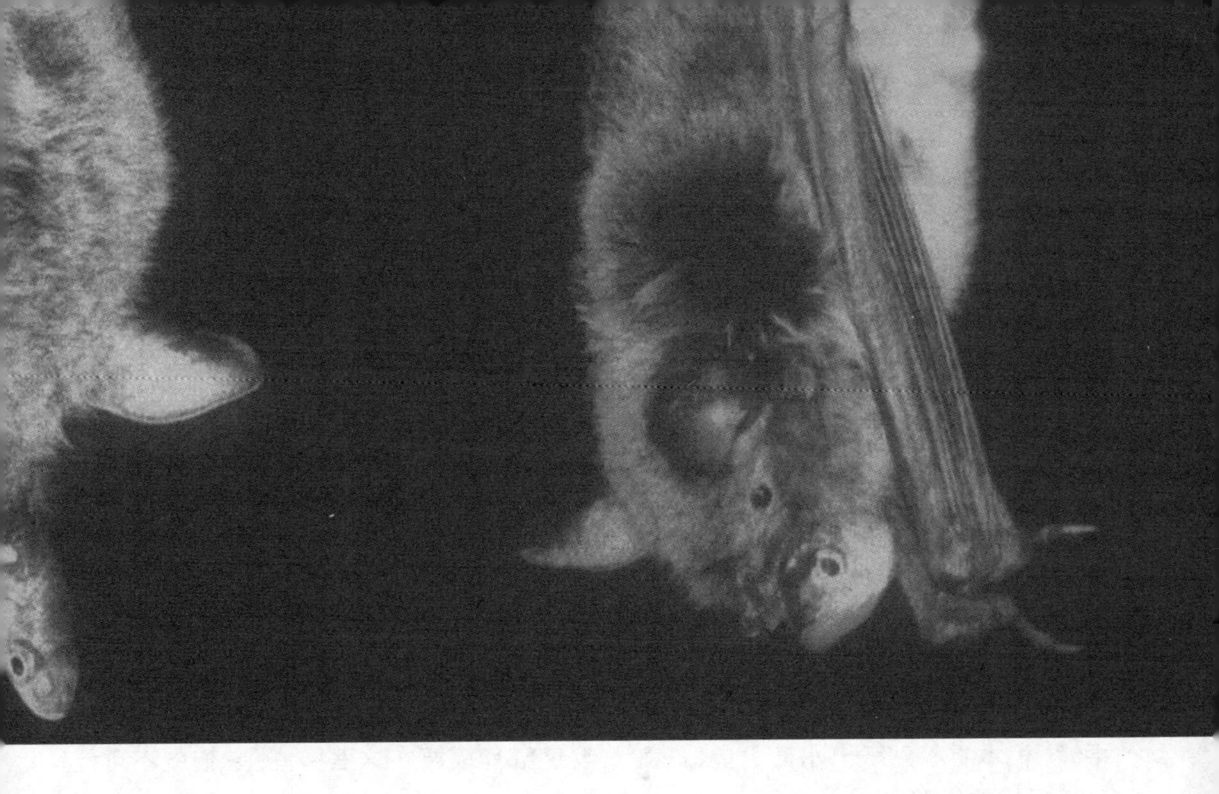

而在万里之外的美洲大陆。

那是墨西哥西部的一座小岛，科学家在一次考察中，从地面的石缝里找到了罕见的“索诺拉鼠耳蝠”。他们还在蝙蝠生活的地方，发现了许多带着腥味的鱼鳞和鱼骨。原来，这种蝙蝠还有一个奇特的行为：它们会吃鱼。

不仅如此，在南美的北部丛林中，人们还拍到了另一种类似的会吃鱼的蝙蝠，它的名字叫“墨西哥兔唇蝠”。与索诺拉鼠耳蝠一样，它们用来捕鱼的爪子巨大而又尖利；脚掌很小，脚趾很长；胫骨与普通蝙蝠有着明显区别，不仅长，而且与翼膜之间的结合点非常高，据说，这是它们在捕鱼时降低水中阻力的关键所在。

尤为巧合的是，这两种蝙蝠的巨大爪子，正与中国发现的大足鼠耳蝠十分类似。这正是70年来人们一直在猜测大足鼠耳蝠会吃鱼的原因所在。

根据进化论的基本原则，任何两种动物，只要拥有类似的身体结构，其功能也会趋于近似。

因此，既然大足鼠耳蝠的双爪与美洲食鱼蝙蝠如此类似，它们就极有可能也会吃鱼。

令马杰困惑的是，中国的大足鼠耳蝠与远在美洲的食鱼蝙蝠除了爪子相似之外，

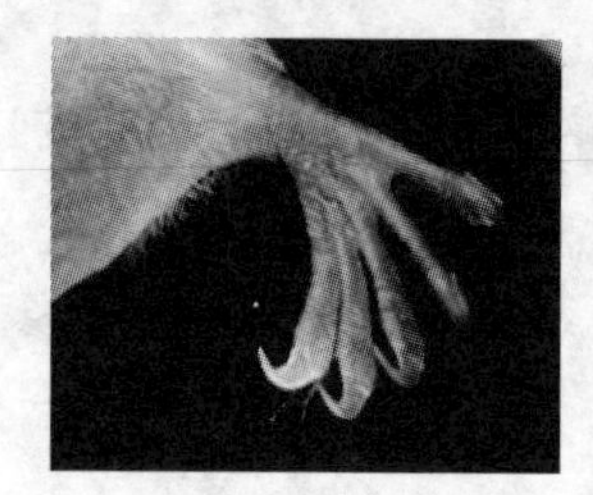

巨爪是否用来攀住倾斜的岩壁

它们的其他特征，甚至生活环境，都有天壤之别，再加上70年来，还从未找到它们吃鱼的证据，所以，它们究竟会不会吃鱼，仍是一个巨大的问号。

在霞云岭的山谷中，有一座很小的水库，这里不仅四面环山，十分幽静，而且一年四季从不干涸。

据当地人介绍，虽然没人刻意在水库中养鱼，但是附近的村民每次在这里撒网，都能捞出很多的鱼。马杰相信，如果大足鼠耳蝠会吃鱼，这个水库应该就是它们天然的狩猎场。

科学家的研究已经显示：生活在北美的“索诺拉鼠耳蝠”在捕鱼的时候，常常会与巨大的鲨鱼相互协作，专门捕食那些被鲨鱼驱赶、并跃出水面的鱼群。

但是，霞云岭的情况却完全不同，这里不仅没有鲨鱼的帮助，而且水面格外平静，根本看不到跃出水面的鱼群。如果大足鼠耳蝠要在这里捕鱼，它们就不可能采用同样的策略。

事实上，蝙蝠的双眼仅仅能感觉到较强的光线变化，所看到的影象非常模糊。在漆黑的夜晚，它们的所有活动靠的都是人耳无法听到的高频声波——超声，通过聆听声波遇到物体后反射的回声，它们就能得出物体的方位和质感等等复杂的信息。

那么，大足鼠耳蝠会不会利用这种奇特的回声定位机制，依靠超声来探测水中的鱼群呢？

不久，马杰带着先进的超声探测器来到了蝙蝠洞。

那是一种非常灵敏的仪器，能轻易探测到蝙蝠所发出的所有声波。只要把它们收录下来，再放慢10倍，就能转换成人耳能够听到的声音。通过这个仪器，马杰不仅收录到了大足鼠耳蝠发出的超声，还发现它们的超声呈现出奇特的波形，有很宽的变化范围，是一种频率可变的奇特超声。

只要这种奇特超声能顺利穿透水面，就有可能帮助它们探测到深水中的鱼群，会吃鱼也就不足为怪了。

令人失望的是，在中国科学院声学所，马杰通过深入的研究发现：大足鼠耳蝠发出的超声能量十分有限，它们进入到水下的距离仅有短短的3毫米。

马杰说：“鱼是生活在水里的，蝙蝠最多只能在水面上飞行，它通过什么办法找到鱼呢？它又不可能到水里去。所以，要想探测到生活在深水中的鱼群，3毫米简直就是微不足道的数字。显然，飞行中的大足鼠耳蝠，不可能用它来探测深水中的鱼群，要想找到最终的答案，还得另寻出路。”

它们像蚂蚁一样靠集体捕食

2002年的9月，马杰抱着最后的希望又一次来到了群山中的蝙蝠洞。

他要在这里搜寻大足鼠耳蝠留下的粪便，希望从中找到揭开谜团的新线索。在黑暗的洞穴中，尽管地面上随处都能看到蝙蝠留下的粪便，但是，洞穴中却同时生活着4种不同的蝙蝠，要怎样才能确定搜集的粪便是大足鼠耳蝠的呢？

通过细致观察，马杰惊喜地发现，洞穴中的4种蝙蝠，都有着属于自己的地盘，它们从不混居，收集粪便的理想地点应该就在大足鼠耳蝠的下方。

在这里，他很快注意到许多褐色的颗粒，摸上去黏糊糊的，还很新鲜。它们所处的位置正好就在大足鼠耳蝠的下方，而且数量非常多，所以不可能是另外3种数量极少的蝙蝠留下的。

要想证实大足鼠耳蝠究竟吃了什么，这些珍贵的粪便就是最直接的证据。只要其中包含着尚未完全消化的物质，马杰就能从中揭开所有的谜底。

回到北京之后，带着刚采到的样本，马杰立刻开始了研究工作。

为了揭开大足鼠耳蝠的秘密，人们已经等待了70年之久。样品中的每一个细节都可能是揭开谜底的关键，不仅不能受到污染，瞬间的失误都有可能造成结果的巨大偏差，一切都得小心进行。

当第一粒样品在酒精中慢慢化开，其中的细节便逐渐地显露出来了。那是一粒尚未完全消化的排泄物，正是最理想的检测对象。令人惊讶的是，样品看上去显得十分凌乱，许多褐色的残片都毫无规律地挤在一起，分辨起来十分困难。

马杰重新调整了显微镜，这一次，他终于看清了样品的细节，里边似乎并没有鱼鳞和鱼骨的特征，而是一个个布满网络的奇特残留物，非常之薄，细细的纹路宛如叶脉一般，清晰可见。

从这些特征可以断定，它们不是鱼的残留物，而是昆虫的翅膀。

仅仅一件样品发现了昆虫，还不能得出最终的答案，因为它很可能只是一个偶然的巧合。不幸的是，在接下来的几个样品中，他仍然只看到昆虫的残留物。

马杰说："从实验结果及最初的判断，我们给它下了一个结论，它是吃虫子的。"

事隔70年，和当年的艾伦一样，马杰仅仅找到了大足鼠耳蝠吃昆虫的证据。不同的是，随后的深入分析，才真正让他感到了沮丧：原来样品中的残肢显示，被大足鼠耳蝠当作美餐的昆虫，居然全都是体型很小的虫子。这是一个无法接受的结果。

马杰遗憾地说："大足鼠耳蝠的爪子是很大……"

不仅如此，与大足鼠耳蝠生活在同一个洞穴中的，还有另外3种常见的吃虫蝙蝠。根据动物的生存准则，只要在同一区域内生活着不同的种群，它们必然会在食物上存在差异，这不仅是物种间规避恶性竞争、争取生存机会的必然选择，也是进化论所得出的一个经典原则。

不幸的是，粪便中的证据却显示：大足鼠耳蝠与同一洞穴的其它蝙蝠，竟然捕食类似的食物，这就成了明显的悖论。

所有的迹象都表明：样品中的昆虫，并不足以解释那双巨大而又尖利的爪子。一切似乎又回到了最初的起点，所有的疑问仍有待于更为合理的解释。

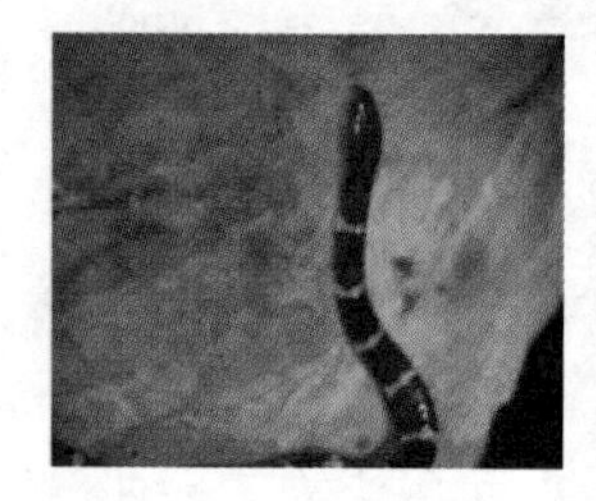

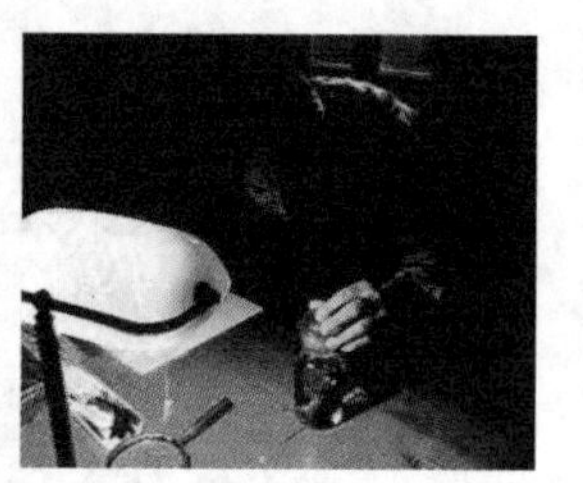

马杰来到中国科学院图书馆查找相关资料

2002年9月，就在研究工作陷入绝境的时候，马杰与一支中外专家组成的考察队一起到了广西的桂林。这一次的考察，不仅让马杰了解到更多有关蝙蝠的知识，还认识了一位世界知名的蝙蝠专家琼斯。

在一次闲聊中，马杰发现，这位来自英国的蝙蝠专家居然也对大足鼠耳蝠的双爪有着浓厚兴趣。当他听说了马杰的研究结果之后，他的第一反应给马杰留下了

索诺拉鼠耳蝠（学名：Myotis vives；英文名：Amercian fish-eating bat；Fishing bat）

隶属于翼手目（Chiroptera）、小蝙蝠亚目（Microchiroptera）、蝙蝠科(Vespertilionidae)、蝙蝠亚科(Vespertilioninae)、鼠耳蝠属(Myotis)。

深刻的印象。

马杰说："他说假设那个爪子那么发达，而且前面有两种食鱼蝙蝠，相同的结构，爪很尖利，个体相对比较大，前臂比较长，适合于远距离飞行，可以在很大的范围去找猎物，而且它的爪子很发达，肯定不是为了逮虫子才这样的，因为大多数逮虫子的蝙蝠都不是这样的，所以很难解释它那个爪子。假如这么发达，只是为了逮虫子，他就说还是要深入研究。"

马杰意想不到的是，自己对大足鼠耳蝠的所有困惑，居然在同行中得到了同样的回应。

那么，大足鼠耳蝠怪异的双爪究竟意味着什么呢?莫非它们只是偶尔捕食昆虫?问题是，除了昆虫之外它们还吃什么呢?难道真的会吃鱼吗?

凭着直觉，马杰隐隐感到这种神秘生物的背后，一定还隐藏着尚未知晓的秘密。但除非找到更多的证据，否则，关于它们的所有结论都无法真正令人信服。

3. 暗夜杀机

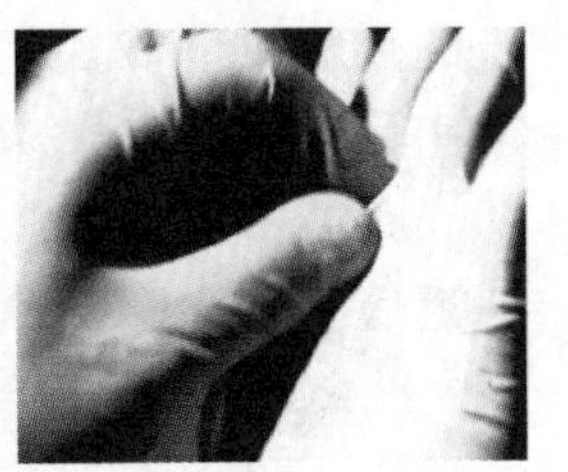

据推测，大足鼠耳蝠能用爪子捕鱼

一种非常罕见的蝙蝠，早在70年前，就被人根据它们奇特的双爪，推测它们可能是一种奇异的会吃鱼的野兽。然而，2002年8月，蝙蝠专家马杰从它们的粪便中，仅仅证明了大足鼠耳蝠会捕食昆虫，而且是区区几毫米的细小昆虫。

那是一个令人难以接受的结论。难道它们巨大的爪子是蝙蝠进化留下的败

墨西哥兔唇蝠（学名：Noctilio leporinus；英文名：Mexian bulldog bat；Fisherman bat）

隶属于翼手目（Chiroptera）、小蝙蝠亚目（Microchiroptera）、兔唇蝠科(Noctiliondae)、兔唇蝠属(Noctilio)。又称猛犬蝠，食鱼蝠，以食鱼著称。兔唇蝠口鼻部尖而没有鼻叶，耳朵大而有小的耳屏，爪子锋利，可以抓住长达10厘米的小鱼，也能用爪子捕捉昆虫。

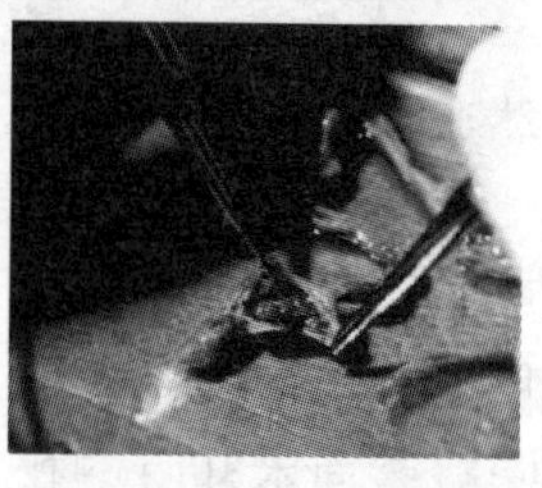

蝙蝠的胃中透出黑色的影子

笔么?

一次充满惊奇的搜寻，一份奇特的样品，神秘的大足鼠耳蝠终于露出了惊人的真相。

但令人吃惊的是，他们最后发现这种被怀疑会吃鱼的古怪蝙蝠，在方圆数十千米的范围内，只有一个栖息地，而且它们的数量似乎还在不断地下降，俨然已是一个濒临灭绝的珍贵物种。那么，它们为何会只生活在这里?巨大的爪子又是干什么用的?它们会不会就是罕见的食鱼蝙蝠呢?

不久之后，马杰终于在蝙蝠的新鲜粪便中有了惊人的发现：原来大足鼠耳蝠会吃鱼，这也是人类迄今为止发现的第三种会吃鱼的蝙蝠。但是这一结论非但没能终结大足鼠耳蝠的所有疑问，反而引出了更多的谜题：它们粪便中的鱼是哪里来的?是它们自己捕获的?还是像食腐动物那样捡来的?如果它们会捕鱼，那么，证据又在哪里呢?

在霞云岭，千万年的地质活动不仅形成了优质的石材，更在岩石构成的山体中，雕凿出数量众多的天然洞穴，它们正是蝙蝠天然的巢穴。

既然在已知的蝙蝠栖息地中找不到大足鼠耳蝠奇特巨爪的合理解释，那么，谜底会不会隐藏在某个尚未知晓的洞穴之中?

2002年的9月，为了寻找大足鼠耳蝠的更多线索，为了搜寻更多的大足鼠耳蝠作为样本，彻底弄清巨爪的秘密，马杰特意请来了登山行家大胡，帮助他在方圆60千米的范围内展开彻底的搜索。

拉网式的搜查开始了。他们的第一个目标就在悬崖下方。当地村民曾经看到许多蝙蝠在下面出没，出于对蝙蝠的恐惧，他们不清楚蝙蝠的具体特征。要想知道究竟有没有大足鼠耳蝠，考察队必须深入洞穴，自己作出判断。

那是一个幽深的洞穴，尽管在炎热的夏季，洞中仍透着阵阵凉意。进入洞穴没多久，队员们就在地面上找到许多蝙蝠粪便，但它们都十分干燥，不像是近期留下的。不过，从粪便的数量推测，这里肯定曾经生活着众多的蝙蝠。

因为蝙蝠对光线极其敏感，很难接近，要找到它们的踪影，最简便而又专业的方法就是利用超声探测器。探测器不仅能探测到蝙蝠发出的所有超声信号，还能区分不同蝙蝠的声波差异，从中找出大足鼠耳蝠的踪迹。遗憾的是，考察队一直走到洞穴最深处，却始终没有发现一只蝙蝠。看来，那些留下粪便的蝙蝠已放弃了这个巢穴。

通过仔细的观察，队员们发现洞穴中的每一个角落都异常干燥，找不到一丁点水的印记。对于喜爱潮湿环境的蝙蝠，这里很显然已经不适合它们生存。

马杰说："蝙蝠的相对体表面积很大，因为它有两个翼，翼的上下两面都是膜，相对表面积比较大就意味着它丧失水分和热量比较快，所以在没有合适的温度和湿度的情况下，它们的生存就很困难。"

蝙蝠胃中的黑色物质全都是昆虫的残肢

随后，考察队根据老乡提供的线索，找到了另一座被称为白马洞的宽阔洞穴。

然而，他们在这里仍然没能找到哪怕一只蝙蝠的影子。

根据以往的科考资料，北京的周边地区至少生活着11种不同的蝙蝠。据此推测，霞云岭众多的洞穴中，应该也生活着数量可观的种群，如果找不到更多的大足鼠耳蝠，巨爪之谜就永远无法解开。

在当地政府的帮助下，考察队再次扩大了搜索范围。

历尽艰辛之后，他们终于有了新发现。那是一个狭窄而又幽深的洞穴，洞内不仅非常凉爽，岩石上还有明显的水迹，空气湿度更达到96%。队员们相信，那里应该是蝙蝠最理想的藏身处。

在洞穴的第二层，他们果然找到了许多类似蝙蝠粪便的褐色颗粒，其中有许多还相当湿润。

更令人振奋的是，超声探测器还收到了蝙蝠发出的超声波。这是一只个头很小的蝙蝠，正孤零零地呆在石壁上。尽管它并不是马杰寻找的大足鼠耳蝠，但第一只蝙蝠的出现无疑是一个好兆头。

就在这时，他们发现角落里还隐藏着一个狭窄的洞口，黑洞洞地向下延伸着。队员们爬过狭小的通道，终于来到洞穴的最深处。这是一个布满钟乳石的狭小空间。尽管空气的湿度高达98%，但他们却没有找到蝙蝠的踪影。

看来，有了适当的温度和湿度，并不见得一定会有蝙蝠。在栖息地的选择上，蝙蝠似乎还存在着许多不为人知的原因。

经过5天不间断的跋涉，马杰搜索了11处大大小小的洞穴，除了发现一只孤零零的蝙蝠，始终没有发现大足鼠耳蝠的新种群。

所有迹象都表明：原先发现大足鼠耳蝠的蝙蝠洞，是方圆60多千米内，唯一聚居着大量蝙蝠的洞穴。要想揭开巨爪的秘密，马杰就只能依靠这唯一的种群。

不仅如此，通过这次大范围搜索，马杰还注意到另一个不容乐观的现实：这一带几乎所有的河流都已在两年前完全干涸，唯一长年有水的地方，就是距蝙蝠洞足有8千米的霞云岭水库。

假设大足鼠耳蝠会吃鱼的推测是正确的，那么，这里应该是它们唯一的取食地点。但是，马杰过去的研究已经证实：大足鼠耳蝠发出的超声，最多只能进入水中3毫米，不足以探测到水里的鱼群。

而在美洲，已经证实的食鱼蝙蝠是索诺拉兔唇蝠，它们捕鱼的时候，总是与水中的鲨鱼相互协作，专门捕食被鲨鱼追赶、并跃出水面的小型鱼类。

马杰推测，如果生活在霞云岭的大足鼠耳蝠也会吃鱼，在没有鲨鱼的帮助下，恐怕只能捕食那些主动跃出水面的小鱼。

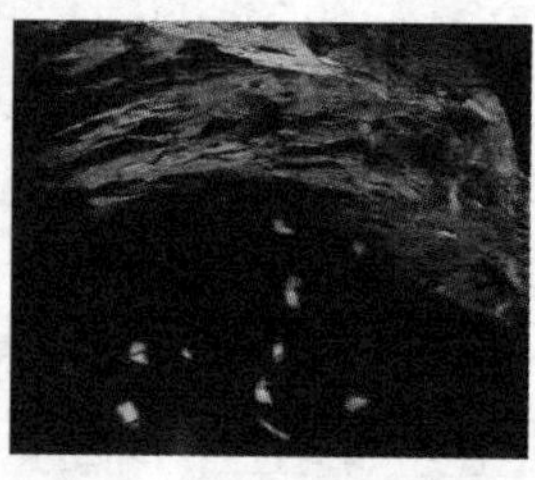
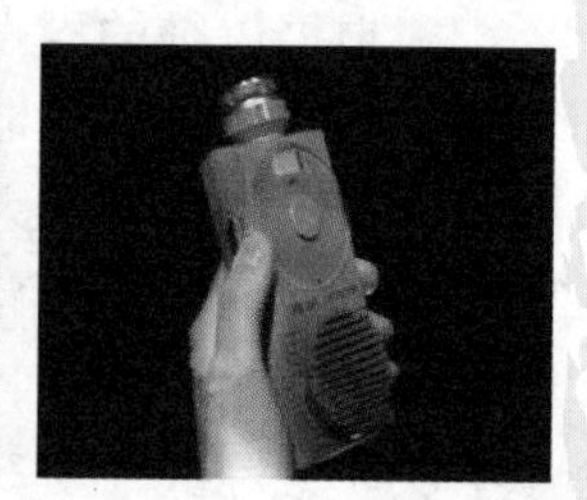
马杰再次来到洞中探测蝙蝠发出的超声

一个月前，马杰在岸边并没有看到鱼群跃出水面的现象。这一次，为了查明水库中究竟生活着哪些鱼类，它们是否会成为大足鼠耳蝠的食物，马杰找来当地的村民一起进行调查。

那是一种在浅水区捕捉小鱼的特殊鱼网，只有500克以内的小鱼才能钻进去。

第一网捞上来，只有一些小虾，马杰知道这些小虾通常只呆在水里，不太可能是蝙蝠的捕食对象。

第二网捞上来，终于有了新发现，这是一种被称为宽鳍鱲的小鱼，它们很容易受到惊吓，刚刚捞上来就蹦个不停。这种小鱼的体长刚好5厘米，如果大足鼠耳蝠尖利的爪子完全张开，正好可以抓住它们。

马杰还注意到，不知出于什么原因，这种鱼总喜欢主动跃出水面。

马杰说："大家认为，鱼好像都是生活在水里面，其实在很多情况下，特别是在夏季的时候，鱼会经常游到水面上来。而且有好多种鱼是浮游的，它就生活在浅层，如宽鳍鲻，就是北京俗称小白条的那种鱼。一般它就几厘米那么长，它比较喜欢在水的浅层活动，而且喜欢往外面跳。”

据老乡介绍，这种小白条在水库中的数量相当多，如果大足鼠耳蝠会吃鱼，这里似乎并不缺少可供捕食的鱼群。这对马杰来说无疑是个好消息。但是，要证实蝙蝠确实会吃鱼，仅有这些还远远不够，还需要找到更为确凿的物证。

假设除了昆虫之外，大足鼠耳蝠还有更为特别的食谱，马杰就需要找到更多可供分析的理想样品。

这一天，马杰想到一个有趣的点子，要命的是，他必须连夜上山。

为了不伤害蝙蝠的性命，又确保所有样品都来自大足鼠耳蝠，马杰特意赶在蝙蝠外出觅食之后，在洞口架设了一张纤细的鱼网，希望能捉到觅食归来的蝙蝠。

鱼网架好之后，他们唯一能做的就是耐心的等待，希望回洞的蝙蝠不会发现鱼网的存在。

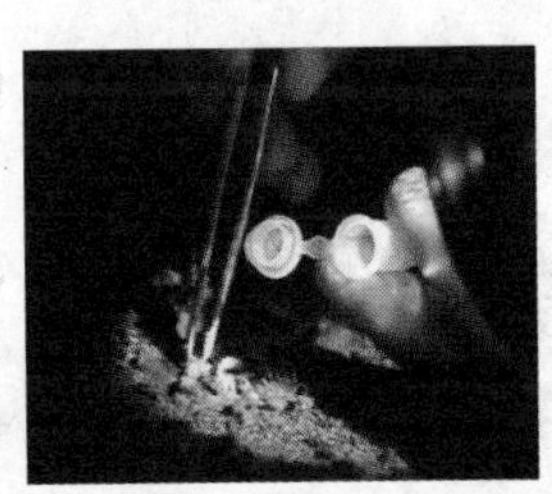

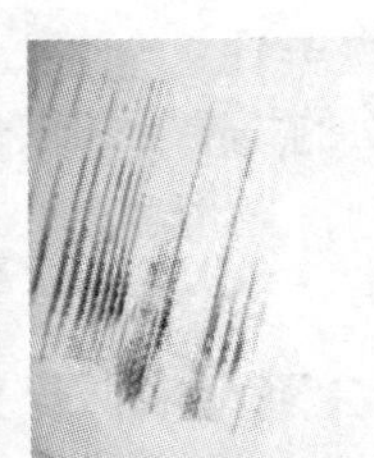

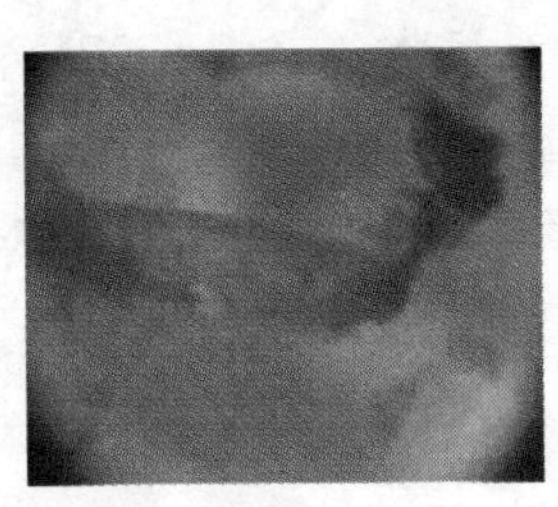

大足鼠耳蝠的粪便中有尚未消化的昆虫翅膀

马杰说：“因为山洞里有4种蝙蝠，在里面生活得挺好的，那肯定有它们的原因，相互之间竞争肯定比较小，要不然谁都不能生存下来，或者是只有一个种类生存下来。既然现在有4个种类，肯定它们的生态位、就是食物是分离的。”

所有的谜底都等待着新的证据。

凌晨4点，洞口忽然悄无声息地出现了蝙蝠的身影。

那只蝙蝠显然没有注意到鱼网的存在，从它的尖利的双爪可以看出，它正是马杰等待的对象——大足鼠耳蝠。

为了顺利取到粪便样品，又能让它们感到舒服些，马杰把捕到的蝙蝠放入事先准备好的柔软布袋。这样，等到第二天，或许就能从布袋中找到大足鼠耳蝠排泄的粪便。

当然，要得出毫无争议的结论，仅有一只蝙蝠还远远不够。

在这里，马杰惊奇地发现，尽管回洞的蝙蝠很多，但是真正撞上鱼网的却很

考察队在霞云岭展开彻底搜索

少。大多数蝙蝠居然能在高速飞行中，察觉到比头发还要纤细的鱼网，在接触鱼网前的瞬间，迅速躲开了。

两个小时之后，马杰终于凑足了 15 只大足鼠耳蝠。

第二天上午，当他打开布袋，里面的蝙蝠仍然活力十足。在布袋底层，果然找到了蝙蝠留下的排泄物。如果从地上采集的样品存有争议，那么，这次的样品毫无疑问是来自大足鼠耳蝠。

回到实验室后，马杰连夜开始了样品的分析工作。

一个月前，他曾经满怀希望地检查过采自地面的样品，却仅仅找到了大足鼠耳蝠会吃昆虫的证据。不幸的是，这一次，他在第一例样品中看到了同样的昆虫残肢。

不久，当他观察第二件样品的时候，忽然发现这个样品有些特别，在强烈的灯光下，还在闪闪发光。它们究竟是什么东西?会不会来自昆虫身上的某个部位?比如甲虫或者蝴蝶?

仔细看上去，它们又似乎太大，而且很坚硬，边缘还露出锐利的锋芒。它会不会来自某种昆虫以外的生物?既然人们一直在推测大足鼠耳蝠会吃鱼，那么，这些闪闪发光的薄片会不会就是尚未完全消化的鱼鳞呢?

马杰说：“当时我就很激动，因为我只要发现了一片鱼鳞，哪怕是在一个样品里面，或者一个胃容物，或者一份蝙蝠的粪便里头，发现了鱼鳞、鱼鳍，我就可以很有信心地继续往下做。因为那个鱼鳞很好鉴定，表面是银色的，通过显微镜看是发光的，就很容易鉴定。结果为了证实我的判断的准确性，我还专门请鱼类专家鉴定了一下，而且对照参考书，通过鱼鳞的特征，把那个鱼的种类都给鉴定出来了。最后我分析的结果是它们至少吃了 3 种鱼。”

这样，马杰发现了亚洲首例食鱼蝙蝠。

20世纪30年代，当美国博物学家艾伦第一次看到这种神秘的生物时，就被它们巨大的爪子难住了。

考察队在洞口捕到了大足鼠耳蝠

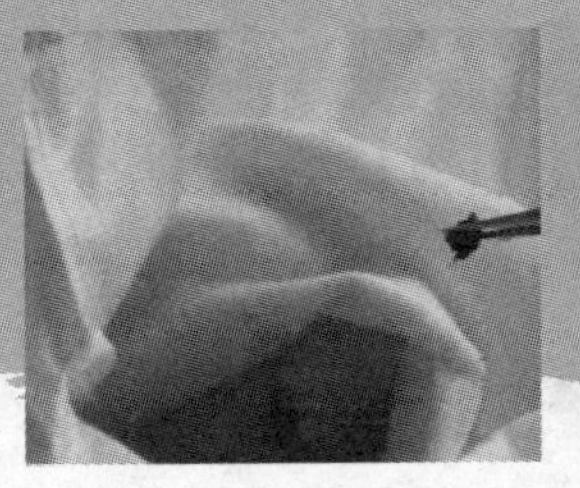

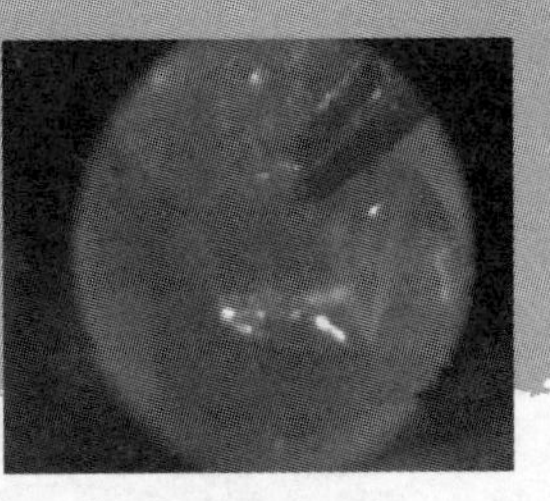

布袋底层的粪便中发现类似鱼鳞的残片

2002年的9月，通过细小的鱼鳞残片，马杰终于找到了它们吃鱼的确凿物证。最令马杰兴奋的是，蝙蝠粪便中数量最多的一种鱼，就是他在霞云岭水库看到的宽鳍鱲。或许此时此刻，那里正上演着不可思议的生存之战。

这天傍晚，一身轻松的马杰带着睡袋，再次来到了僻静的霞云岭水库。

尽管已经在大足鼠耳蝠粪便中已经找到了鱼鳞，但他并不清楚它们究竟在何处觅食。这一天，他决心在水库边彻夜守候，看看它们究竟会不会到这里活动。

帐篷支好后，天色渐渐暗了下来。就在这时，水面忽然泛起一圈圈的波纹，仔细观察，原来是许多小鱼正不停地跃出水面，如果大足鼠耳蝠在这里取食，或许它们就是最理想的猎物。但是，过去的调查显示：大足鼠耳蝠还会吃昆虫，从数据上看，似乎吃昆虫的比例比吃鱼的还要高。那么，它们会不会只是偶尔吃鱼?要在如此黑暗的环境中搜寻悄无声息的蝙蝠，还是要依靠灵敏的超声探测器。

他的耐心终于得到回报。经过电脑的处理，录到的超声显示出奇特的波形，从其特征可以断定，这正是大足鼠耳蝠发出的超声信号。这说明大足鼠耳蝠确实在这里活动。

然而，由于水面太过宽阔，即使侥幸看到它们急速掠过的身影，也无法看清它们的具体动作。

那么，它们是如何吃鱼的?是自己捕获的?还是像食腐动物那样，以水面上漂浮的死鱼为食?尽管马杰认为它们很可能会自己捕鱼，但是，除非亲眼看到，这一切仍然只是推测。要想彻底揭开所有疑问，见识它们如何使用那双奇特的爪子，仅靠马杰一人的力量已经远远不够。

这一天，应马杰邀请，一支摄制组带着专业的摄影装备，准备搭车赶赴霞云岭。在漆黑的夜间用摄影机去追踪惧怕光线的蝙蝠。

那是一趟艰巨的旅程。对于摄制组来说，除非亲眼看到蝙蝠吃鱼的情景，马杰关于蝙蝠会捕鱼的所有推测仍然很值得怀疑。

搭建露天实验室

4. 杀手本色

为了证实大足鼠耳蝠会自己捕鱼，为了得到不容质疑的证据，马杰不得不寻求专业摄制组的帮助，希望用摄影机揭开夜幕下隐藏的真相。一支专业摄制组加入到了这次史无前例的科研之中。他们要用摄影机记录下蝙蝠的一举一动，为这个争论了70年之久的谜题划上最后的句号。

不幸的是，当摄制组来到房山之后，他们却被眼前的场景难住了。

首先蝙蝠的活动都在漆黑的夜间，它们虽然不用眼睛判断方位，但它们对光线强弱却非常敏感，这就给需要大量照明的拍摄工作出了个大难题。其次，如果它们真会捕鱼，那么，它们的惟一的取食地点就是霞云岭水库，要在广阔的水库上空追踪神出鬼没的蝙蝠，难度可想而知。

最后，摄制组唯一的出路就是搭建一个巨大的露天实验室，争取在可控的环境中见证它们奇妙的捕食行为……

一个临时搭建的实验室，精密的高速摄影机能否解答最后的疑问呢?

蝙蝠是哺乳动物中种类第二多的庞大类群，在全世界共有一千零一种。在北京霞云岭发现的大足鼠耳蝠，不仅是中国独有的一种蝙蝠，也是已知的大足鼠耳蝠中最靠北的一个种群。据马杰推测，每当夜幕降临，它们都会飞越高山峡谷，来到数十千米内唯一的水源地——霞云岭水库，它们很可能就在这里展开神秘的捕鱼行动。

在霞云岭，摄制组意识到，拍摄大足鼠耳蝠的工作远比想像的还要困难。就算是在水库蹲守，这里水面最窄处也有200米，在夜晚根本无法找到蝙蝠的踪影。

马杰说："现在已经从食性上证实它是吃鱼了，但是它逮鱼是怎么逮的，逮鱼的一些具体细节，我们在野外是很难观察到的。那个水面相对是比较大的，我们不仅是观察，就连拿探测器来探测都很困难。所以，必须要通过一定的手段模拟，人工模拟那种环境，比方说建一个房子，然后修一个水池，然后把蝙蝠放在里头，在水池里尽可能地模拟它那个生态环境，看它怎么逮鱼。"

2003年7月，在霞云岭乡政府的帮助下，摄制组和马杰把露天实验室的地址选在了村外的山崖下。

因为蝙蝠都在夜间活动，要进行拍摄，就缺不了电力照明，在这里建棚正好便于架设电缆。棚子的搭建必须适宜大足鼠耳蝠的生存，让它们拥有足够的飞行空间。因此，棚子至少要有3米高，40米长，5米宽，而且中间不能有立柱。搭好了架子，他们还要在上面铺设遮阳网，这是为了保持棚内的湿度，让蝙蝠成功存活的关键。

两天后，棚子完工了，为了让放养的蝙蝠适应拍摄环境，摄制组刻意在棚里打上灯光，并专程带来了许多小鱼。

当然，有了鱼并不等于就能拍到蝙蝠的捕鱼行为。在人工环境中，它们会不会正常活动，所有人心里都没底。

这天夜里，摄制组刚刚离开，黑暗中，一个可怕的家伙——蛇，便悄悄地来到了棚子里。在夜幕的掩护下，躲在石缝中的蝙蝠毫无还手之力，转眼间，一切都迅速而又干净地结束了。

第二天，当马杰查看放养的蝙蝠时，在一个阴暗的角落，他忽然看到了这位不速之客。天亮以后，他们发现：这是一种当地人称为“草蛇”的无毒蛇，一大一小，共有两条。从蛇的腹部还能看出被囫囵吞下的整只蝙蝠。好在发现得及时，它们吃掉的蝙蝠应该不多。

接下来，马杰在棚子里四处搜索，却怎么也找不到蝙蝠的踪影。它们到哪里去了，难道凭空蒸发了?仔细查看，棚子的许多连接处都豁开了小口子，或许蝙蝠就是从开口处逃走的。

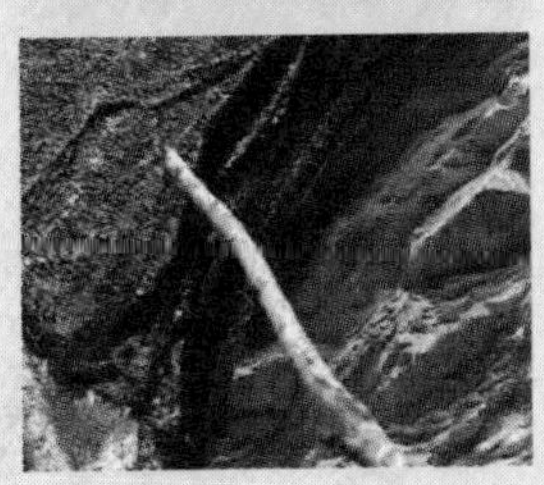

蝙蝠陆续飞出石缝

马杰说：“看吧，这前面有一条缝，有缝它就飞出去了。今天还要捉一些然后放进去。但是你现在逮了，它如果要跑怎么办?今天先逮那么一二十个放进去，然后确实它还跑了，那我回来之后就必须自己看着了。”

为了早日得到大足鼠耳蝠吃鱼的确凿证据，马杰不仅要修补棚子的漏洞，还得连夜上山捕捉新的大足鼠耳蝠。

一周以后，摄制组来到棚子里，准备进行第一次实地拍摄。这一次，棚子的每个细节都再三检查过，蝙蝠的数目也得到了补充，池里的鱼活得也挺好。接下来就看蝙蝠的表现了。

可是，他们等了整整3个小时，棚子里却毫无动静。四处搜索也找不到蝙蝠的影子。它们会不会又溜了?忽然，摄制组有了新发现——水池下方似乎有东西在活动。

马杰小心翼翼地来到墙角，里面果然有蝙蝠发出的细小声音。根据它们发出的超声特征可以断定：放养的大足鼠耳蝠就藏在石缝里。它们不出来或许是因为灯光太亮。大家商量后决定关掉所有灯光，继续等候。

然而，他们整整等了一夜，石缝里的蝙蝠始终没有出来。

两天以后，情况仍未好转。马杰开始担心拍摄计划是否能够获得成功。如果它们一直躲在洞里不出来，就可能被饿死。

第四天，为了不惊扰蝙蝠，摄制组特意在白天到棚里查看情况。无意中，他们忽然从地上发现了死鱼。鱼脑袋已经没了踪影，脖颈上还留着明显的伤口。从死鱼所在的位置看，它们距离蝙蝠藏身的石缝似乎太远。那么，这到底是不是蝙蝠干的呢?几天前他们曾在这里看到老鼠的影子，凭它们贪婪的本性，死鱼很可能就是它们的杰作，扔掉鱼头，或许是因为食物来得容易吧。

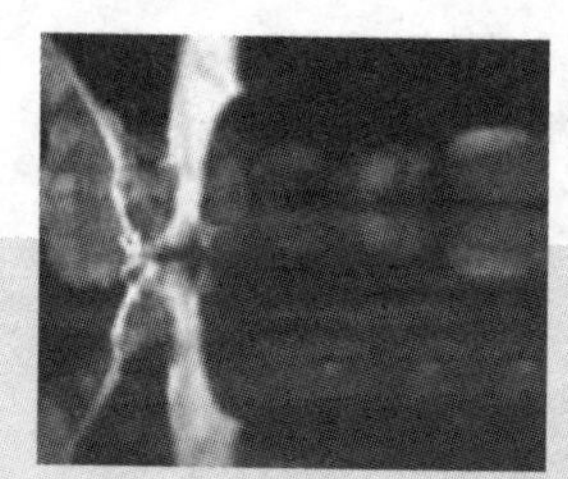

高速摄影机拍摄到的大足鼠耳蝠捕鱼的瞬间

当天夜里，他们很早就来到棚子里，要亲眼看一看真实的情况。

那是一个幸运的日子，刚过9点，石缝里便传出了一阵骚动声。在第一只蝙蝠的带领下，蝙蝠们一只接一只地飞了出来。这正是摄制组渴望看到的第一步。经过一阵毫无规律的飞行，它们终于飞到了水池上方。这会不会是捕鱼的先兆呢?它们是要捕鱼吗?

因为蝙蝠飞得太快，摄影很难跟上它们划过水面的动作。调整拍摄角度之后，他们终于摄到了大足鼠耳蝠在水面上的活动影象。

然而，回放录像时，他们却发现：画面非常模糊，无法看清细节。如此模糊的影像对揭开它们如何吃鱼的秘密并没有多少实际意义。于是他们决定增加照明亮度，并把快门速度提高到二百分之一秒。

不久，他们成功了。初看起来，蝙蝠好像在捕鱼，但仔细看，首先接触水面的并不是那双著名的爪子。难道它们是用嘴直接捕鱼？如果真是这样，70年来人们所有的猜测恐怕都出了差错。

他们随后还发现，大足鼠耳蝠在吃鱼的时候竟然也不用爪子。既然从捕鱼到吃鱼都不用爪子，那么，它们双爪会不会还有别的用途？

在现有的照明条件下，摄影机的快门速度已经达到极限，无法再提高。于是，他们想到了唯一的出路：采用更专业的高速摄影机来拍摄。不过，在此之前还得增加照明亮度，让蝙蝠适应更加明亮的拍摄环境。

2003年10月21日，为了做好高速摄影的准备工作，摄制组再次来到临时搭建的实验室。为在蝙蝠冬眠期到来之前完成拍摄，高速摄影机将按计划在第二天黄昏运抵霞云岭。由于拍摄经费非常紧张，所有拍摄必须在一天内全部结束，任何环节都不能出错。好在棚子里放养的蝙蝠已有两个月。据负责照看的老乡说，蝙蝠的活动很正常，似乎已经适应了明亮的灯光环境。

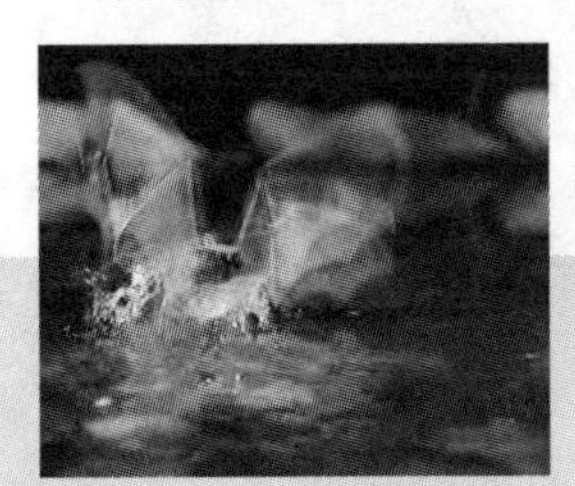
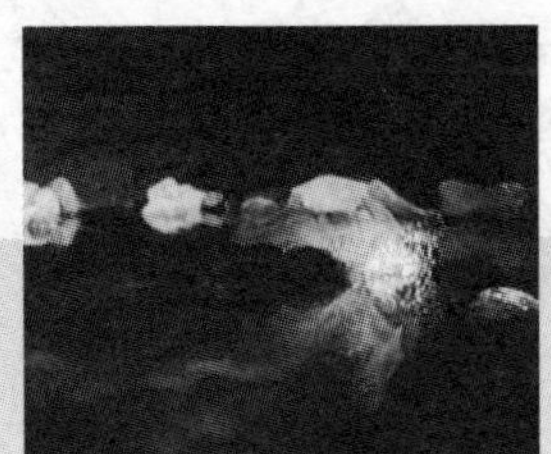
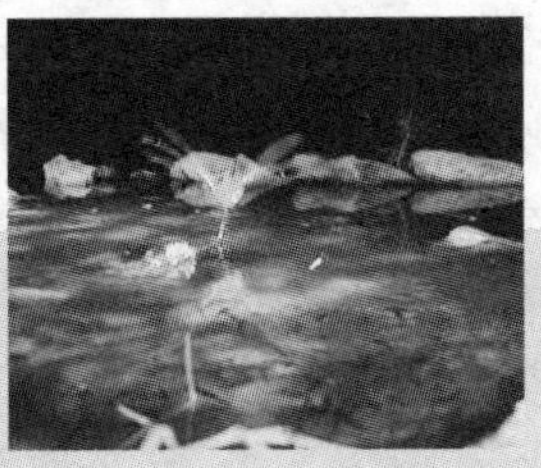

大足鼠耳蝠用双爪捕鱼的瞬间

然而，刚到中午，摄制组的好心情很快就被打断了。突如其来的寒流，带来了强烈的大风降温天气。

风越刮越大，临时搭建的棚子在风中摇晃得很厉害。仅仅几个小时之后，气温就明显降到了10摄氏度以下。遇上这样的坏天气，棚子里的蝙蝠完全没了动静。

更要命的是，不仅高速摄影机早在10天前就已预定，而且随着秋天的来临，天气只会继续变冷，拍摄计划没有更改的余地。

幸运的是，第二天傍晚，就在高速摄影装备抵达霞云岭的时候，大风停了。

那是一种专门用于高速摄像的特殊设备，与普通摄像机不同，这套设备不是把图像直接记录在磁带上，而是通过电脑硬盘进行循环存储，只要接上电源，摄影

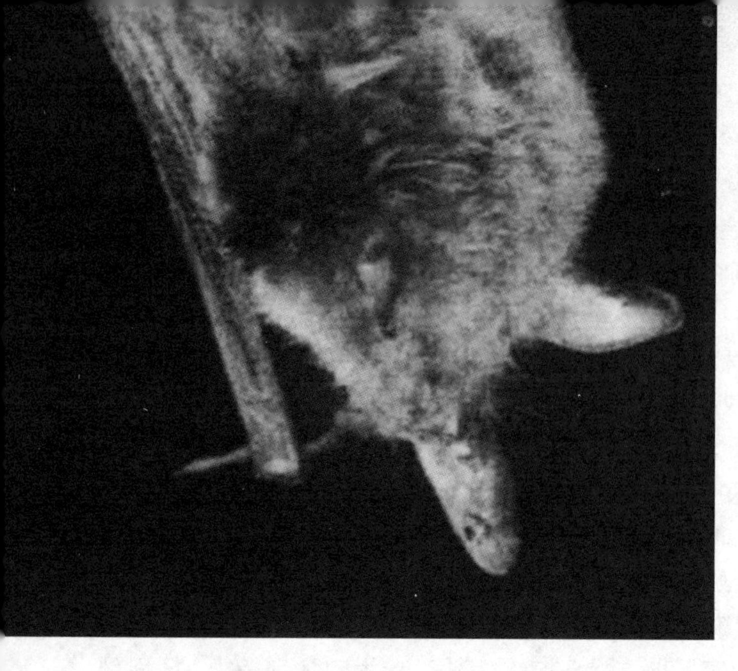

机就处于拍摄状态，这对拍摄蝙蝠非常有利，他们再也无须为何时开机而苦恼，只要对好摄影的角度就可以。

有了过去失败的教训，这一次，为了拍到清晰的画面，棚子里的灯光已增加到4千瓦，摄影机的快门速度也提到了二百五十分之一秒。

可是，昨天的寒流却在这时显露了它的后果，气温降到了5摄氏度，非常寒冷，完全看不到蝙蝠活动的迹象。所有人都不得不穿上了厚厚的冬装耐心等候。

凌晨两点，情况终于有了转机。

借助红外摄影机的帮助，他们发现石缝中的蝙蝠迈着奇怪的步子出动了。这是一个关键时刻，刚刚起飞的蝙蝠不能受到任何惊扰，每一个人都屏住了呼吸，静静等待着。随着蝙蝠来到水面上，通过现场控制台的慢放之后，大家终于看清了大足鼠耳蝠飞行的所有细节。

不久之后，蝙蝠开始了第二波飞行。从画面上可以清楚地看到，水池里的鱼似乎非常惧怕这些会飞的生物。紧接着，摄制组终于拍到了蝙蝠入水的画面。

初看上去，蝙蝠像是要捕鱼，但仔细看，原来它们一边飞行，一边喝水。摄制组最早录到的模糊画面很可能就和这次一样，并不是捕鱼，而是在喝水。10分钟后，蝙蝠又来到了水池上方。

通过慢放处理，他们终于清楚地看到大足鼠耳蝠的爪子在水面上溅起的巨大水花。为了得到更清晰的画面，他们把摄影机挪到了水池的边缘。从回放的画面可以看到，这只蝙蝠的爪子似乎抓着一个东西。看来摄制组很有可能用摄影机证实大足鼠耳蝠到底会不会捕鱼。

凌晨4点，他们终于拍到渴望已久的画面。

这一次，鱼的轮廓很明显，已经足以证实大足鼠耳蝠会用双爪自己捕鱼。

不久之后他们又拍到了一个奇怪的画面。在蝙蝠捕鱼的画面里，他们看到了激动人心的一刻：不到0.2秒的时间，蝙蝠们便迅速完成了捕鱼的全部动作。通过回放画面，最关键的细节终于显现出来：这是一条被牢牢抓住的鱼。不仅如此，在这幅画面上，居然还有一条鱼。原来，这个家伙一次就捞了两条鱼，只是其中的一条侥幸逃脱了。

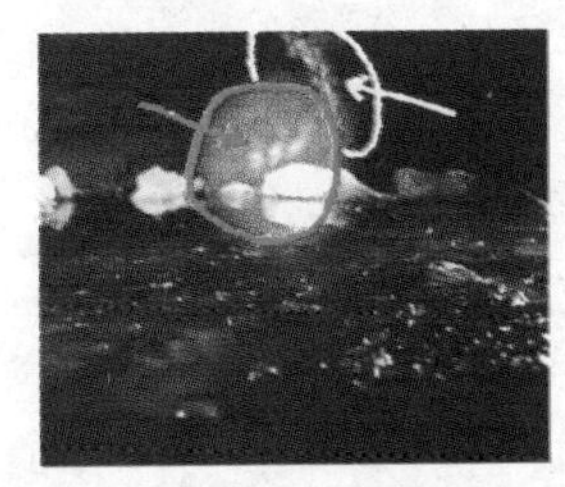
原来这家伙一次捞了两条鱼

至此，摄制组终于通过无可辩驳的画面，第一次证实了大足鼠耳蝠会用它们尖利的双爪来捕鱼。

通过现场的录音分析，马杰还发现：大足鼠耳蝠在飞行中，会发出一连串人耳无法听到的、每秒高达数百次的超声波，这正是它们能在短短几毫秒时间内锁定水面目标的关键所在。从它们诡异的姿势可以看到，它们与依靠视力的猛禽不同，不是向下抓取，而是利用回声定位，展开尖利的爪子，划过水面，捕获猎物。

马杰博士说："它在水面滑行的距离可能就10厘米，很难想像它在几毫秒的时间之内，就做出反应，做出一个捕鱼的动作，这是目前人工用雷达系统可能都很难做到的。因为小小的动物，就20多克，它的大脑占身体的部分可能就很小，就几十分之一那么大一个部件，它在那么有限的一个空间，那么短的距离，把鱼抓起来，就说明它的回声定位系统是相当发达的。"

总之，水面任何的细微动静都逃不过它们灵敏的耳朵。伴随着越来越密的奇特声波，那些冒险接近水面的鱼儿，刹那间就成了蝙蝠们猎杀的目标，生与死在顷刻间便得出答案。

那是一个令人惊奇的隐秘世界。

清晰的影像不仅让马杰的研究得到充分肯定，还为70年来人们关于大足鼠耳蝠的所有猜测找到了无可辩驳的答案。

（田荣）

千足虫

学名马陆（Julus），属节肢动物门多足纲倍足亚纲。体形呈圆筒形或长扁形，分成头和躯干两部分，头上长有一对粗短的触角，单眼数个。一般黑褐色或稍有红、桔色，有杂色斑点。躯干由许多体节构成，多的可达几百节。从第五节起每节两对足。

模拟的始祖鸟

谁是恐龙的子孙

恐龙还有后裔吗？恐龙，1亿年前的大型爬行动物群，穿行于大地之间，它们是食物链中的王者。

6 500万年后，另一物种人类产生智慧，统治并且开始探索这个星球的秘密。

今天，科学研究找到新的证据，揭示了恐龙繁衍的蛛丝马迹。不可思议的结论显示，恐龙也许并未消失，它可能仍然生活在我们的身边。

谁是恐龙的子孙

1. 长着毛的龙

1997 年，徐星初进四合屯。

1997 年，深秋季节，中国北方的辽西地区已经满目萧瑟、寒意逼人。在过去的几十年中，从来没有考察队在这个时候到这里进行野外作业。

中国科学院古脊椎与古人类研究所的考察队在北方大地上孤独前行，年轻的科学家徐星蜷缩在车里，看着窗外起伏的山丘。此时的他，还无法预知未来将发生的一切。

中国科学院古脊椎动物与古人类研究所研究员徐星：我确实没有料到这次考察竟是一个重要的转折，从这个秋天开始，我进入了恐龙研究领域最为热点的一个方向。

在经过一个高坡后，车队顺着一个低矮山梁旁的河床，向山沟深处的一个小山村行进。这就是此行的最终目的地——四合屯。

乍看上去，四和屯与中国东北地区任何一个普通的小山村没有什么区别。然而，就在这里的地层中，却埋藏着数量惊人的史前生物。辛勤劳作的人们可能想像

1997 年，徐星和考察组一起向四合屯进发

不到，就在自己的脚下，也许有某种亿万年前的庞然大物正静静地沉睡着。它们见证了 1.3 亿年前的地球历史，而那时，恐龙正处在繁盛的顶峰。

各国一流的古生物学家们因此而频繁往来，试图探索这个宁静的小村极不平凡的过去。

野外考察队在四合屯驻扎下来，徐星和同事们住在一位姓蔡的农民家里。

热情的老乡腾出了家里新盖的瓦房，又忙着安顿队员们的吃住。对这些来自远方的客人，村民们已经不再感到陌生。在一次次的接触中，他们渐渐意识到，或许就在自己生活的地方，将会发生一些惊天动地的事。

中华鸟龙

第二天，考察队开始了野外发掘。

徐星：“考察队是由许多专家组成的，有研究鱼类的专家；有研究哺乳动物的专家；有研究鸟类的专家；我是负责研究恐龙的。”

一层一层地剥离岩石，就是队员们的任务，如果搜寻到化石，就要及时采集。每掀开一片岩石，徐星热切的目光都会仔细地搜索一番，希望能够找到恐龙时代那些奇怪的动物在石头上留下的身影。

1.3亿年前，地球还处在白垩纪，景象与今天完全不同。那时，这里是古大陆上的一个湖泊。当时的气候，炎热而且极不稳定，火山频繁喷发，大地猛烈振颤，大量动物窒息而死，又被迅速地掩埋起来。因此，它们才得以保存到现在。

考察队员们开始了野外发掘

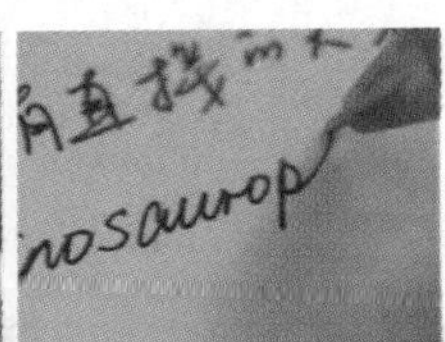

恐龙

1842年英国的理查德·欧文发表文章，将那些6 500万年前绝灭的史前爬行动物定名为恐龙。英文的原词是“Dinosaurier”，这里“Dino”来自希腊文“deinos”，意思是“可怕的”，“Saurier”来自希腊文“sauro”，意思是“爬虫”。

数以千万年的时间过去了，原本深邃的湖泊逐渐干涸，辽西成了一座巨大的白垩纪生物博物馆。这里，必然记录着恐龙的历史。在经历了繁盛的顶峰之后，这个种群发生了怎样的变化？它们真的突然间彻底地消失了吗？

这个巨大的疑问吸引着徐星和队员们，他们期望能够在这里找到这个重大谜团的零星线索。在信心和好奇心的双重驱使下，人们全神贯注地进行着采掘工作，注意不错过任何一块有可能出现奇迹的岩石。

在老乡们的帮助下，考察队的工作一天一天地进行着。

野外队已经工作了10多天，到目前为止，还没有什么新发现。今天要发掘保存化石最密集的那一层岩石，队员们心情迫切，干劲十足，期待着会有激动人心的场面出现。

翅上有爪子的鸟

在四合屯，化石富集的程度超出想像。几年前，徐星的同事曾经在这里找到过一种奇特的生物化石，修长的身形使它看上去柔美温顺，然而，在它的前肢上，却保存着锋利的爪子，酷似一种凶猛的野兽！这给了徐星某种预示。在这一次挖掘中，人们会不会找到相似的东西呢？

太阳西沉，天色渐晚，考察队的希望又一次落空了。就连协助挖掘的农民们也为此惋惜。几个月前，就在队员们此次采掘的坑边，大量的动物化石曾相继出土。其中的一些，至今仍颇具争议。然而，当考察队赶赴这里，期望一解谜底的时候，所有的线索却好像突然间消失了。

考察队的工作一天一天地进行着

收工的路上，徐星陷入了沉思：就在一年前，这里的一个发现在古生物学界引起轩然巨波，那个化石上的生命与史前的地球霸主恐龙产生了一种奇特的联系。

一年前，原中国地质博物馆馆长季强收到一块来自四合屯的、保存精美的化石。在打开锦盒的一瞬间，他看到了一个非常奇怪的动物。

季强：当我打开装着化石的锦盒的时候，看到一个非常特别的动物：有家鸡那么大，高高地昂着头，翘着尾巴。它的头很大，满嘴长着小锯齿似的牙齿，前肢很短，尾巴却出奇地长。最关键的是，在它的背部，从头到尾长着一种毛状结构。

这块动物化石引起了季强极大的兴趣，他本能地把这块标本与鸟类起源联系在了一起。他将它命名为"中华龙鸟"。

一直以来，在德国发现的始祖鸟被公认为是世界上最为原始的鸟类，没有任何发现能够撼动它作为鸟类始祖的地位。古生物学家们发现，始祖鸟的羽毛结构已经发育得非常完善，同现代鸟类的羽毛几乎没有什么差别。然而在季强发现的这种动物身上，却保存着一种更为原始的东西。

季强：这些毛茸茸的印痕立刻成为问题的关键。因为它直接挑战着始祖鸟的鼻祖地位！如果"中华龙鸟"身上的羽毛比始祖鸟的还要原始，那么它将取代始祖

白垩纪（Cretaceous Period）

得名于西欧海相地层中的白垩沉积，延续了将近七千万年，是延续时间最长的纪之一，和自恐龙灭绝直到现在的时间相当。白垩纪有了可靠的早期被子植物，到晚白垩世被子植物已经完全占据地球的统治地位。白垩纪早期鸟类开始分化。

 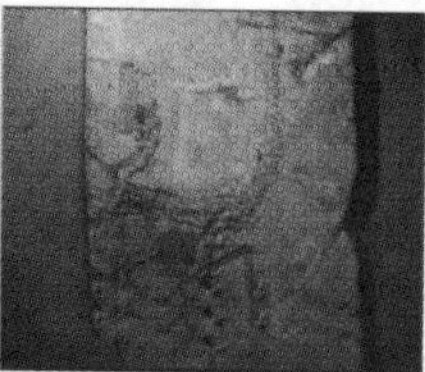   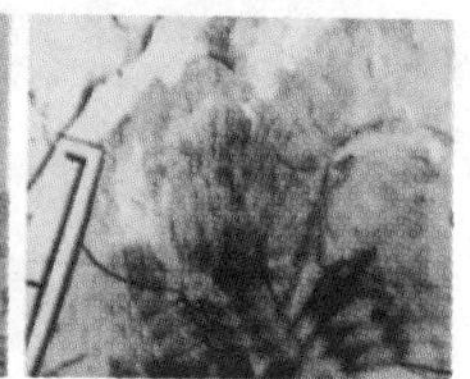

化石上记录的是长着羽毛的恐龙

鸟，成为世界上已知的最古老的鸟。

这一发现很快成为当时的新闻热点。当各国学者们看到“中华龙鸟”的照片时，不由得惊呆了。许多专家承认，这个动物长着他们以前从来没有见过的构造——原始羽毛。

羽毛，长在今天的动物身上并不奇怪。但1.3亿年前的原始羽毛，却从来没有被发现过。这使人们兴趣大增，越来越多的人开始关注这块标本。随即，一个更大的发现被提了出来：有人认为，这个长着毛的动物并不是鸟，而是一只恐龙！

CURRIE：因为它有羽毛，所以人们将它说成是鸟而不是恐龙，不过当我第一次看到它的照片的时候，虽然是一幅刊登在报纸上的照片，而且照片也不太大，我还是马上发现，很明显，那不是鸟而是恐龙。

学界权威们开始对“中华龙鸟”的骨骼结构进行分析和鉴定，结果表明，”中华龙鸟“并不是比始祖鸟更古老的鸟，而是一种小型的食肉恐龙！换句话说，化石上记录的这种动物，是一只长着羽毛的恐龙！

马丁：艾伦·布拉什、约翰·奥斯特罗姆、比特·韦尔赫费尔和我本人一起到中国观看了”中华龙鸟“化石，令我们非常激动。因为我们知道这块恐龙化石身上所保存的东西，是我们以前从未在其他恐龙化石上见过的。

恐龙，远古大陆上的巨型爬行动物，他们身上本应长着坚硬的鳞甲和鳞片，而眼前的这只“恐龙”，却更容易让人联想到一只毛茸茸的小鸡。

这到底是怎么一回事？

这是一种不为人知的动物？还是恐龙的故事中被我们遗漏了什么呢？

中华龙鸟（Sinornithosaurus）

1996年在辽宁被发现，意指中国的龙翅膀。它是两脚肉食动物，长3英尺，有长腿和利齿。敏捷聪明，能捉快捷的猎物，但它有恐龙身上未见过的东西。皮肤表面有一层短层物质，细丝长度由1/4英寸到2英寸，覆盖部分身体。

模拟的始祖鸟

难道，它是恐龙的另一种生命形态吗？

这个疑问，恰恰与一个100多年前的古老猜想遥相呼应。

一个多世纪以前，在一次圣诞晚宴上，英国著名的生物学家赫胥黎正在享用美味的晚餐，突然间，他挥动刀叉的手停止了。

他惊奇地发现，自己餐盘中的火鸡竟然与一种恐龙的骨骼结构十分相似。刹那间,他的脑海里闪过一个惊人的假设——火鸡与恐龙会有某种特殊的联系吗？

这个大胆的设想得到了一些人的支持，他们甚至猜测，会有这样一种恐龙，身上长的不是冷酷的鳞甲、鳞片，而是一身柔美的羽毛！

100多年过去了，”中华龙鸟“的发现，竟然与这个古老的猜想惊人地吻合！

恐龙没有灭亡么？难道经过千万年间的变化，它依然生活在我们的周围？只不过，它退去鳞甲，长出羽毛，由陆地而翱翔于天际，演变成了完全不同的另一种生命。今天的鸟类，会不会是恐龙的后裔呢？

就在人们因为这块神奇的化石而兴奋不已的时候，一个不同的声音出现了。一些学者长期观察着一种水生蜥蜴的背部肌肉，他们发现，剥离蜥蜴的表皮后，皮下的纤维会形成细丝状，这种形态，看上去和“中华龙鸟”身上所谓的“羽毛”几乎一样！

马丁：我并不认为”中华龙鸟“就是带毛的恐龙，我们看到的那些像毛一样的东西，实际上是一种皮下的属于连接组织的肌肉纤维，而不是生长在皮肤表面的羽毛。我相信,如果我们仔细观察"中华龙鸟"的皮肤的话 我们会发现它身上长着鳞片。

就在这块化石的恐龙身份被确定下来之后，它上面保存的原始羽毛却遭到了质疑。

如果这些类似羽毛的物质，只是一个假象，那么一切令人震惊的发现与巧合都将变成一个玩笑。那个一百多年前的假说将仍然只是古人们异想天开的猜测。而恐龙的后裔到底是一种什么样的动物，也将再一次令人们陷入困惑。

人们围绕着这唯一一块所谓长着羽毛的恐龙化石展开了激烈的争论。这些排列整齐的细丝是否属于"中华龙鸟"？恐龙与鸟类之间真的存在一种过渡的类型吗？

没有人能做出最终的判断，除非再找到一块类似的化石。否则,有关"中华龙鸟"的争论将永远成为古生物学界的一个谜团。

徐星期待找到真正的龙鸟或带毛恐龙。找到恐龙与鸟类之间的过渡环节，正是徐星和队员们的热切盼望。

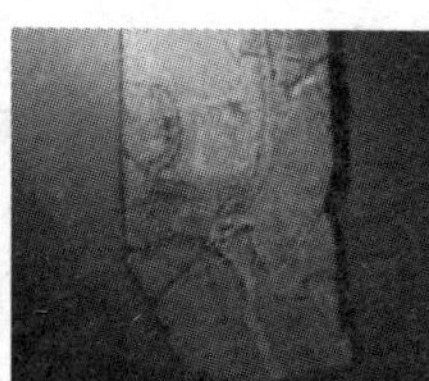
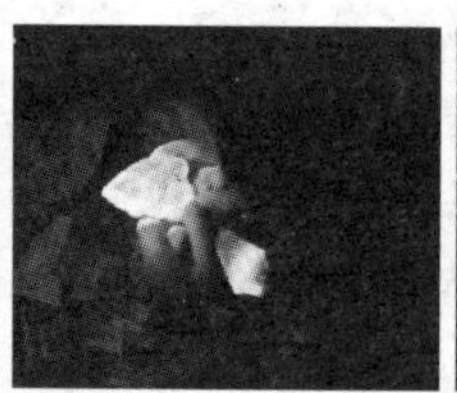

徐星包装好这些化石碎片，带回北京

徐星说：长着羽毛的恐龙化石，乍一听有些不可思议，但这确实就是我到四和屯来的目的。

野外考察队已经在四和屯呆了 40 多天。

11月底，天气异常寒冷，采掘坑的岩层被冰冻住了，野外考察的季节早已过去。

铲子一铲下去，仍然一无所获。各种情况都已经不允许人们继续在这里工作下去了。

在打道回府的前一天晚上，徐星和队长打算到一位姓李的农民家里坐坐，顺便看看老乡家里的一些破碎化石。李荫方是四合屯所属的北票市化石管理处的工作人员，经常帮助到这里进行考察的专家进行一些化石信息的收集和整理工作。

坐在大炕上聊了一会儿后，李荫方告诉两人：在隔壁屋里有一些破碎的石板，是他在碎石堆中捡到的别人遗弃的化石碎片，如果有研究价值的话，他愿意捐献。

两人随着李荫方来到隔壁的房间，在这间堆放杂物的小屋里，他们见到了放在角落里的一堆化石。

徐星说："当时我们看到的那些化石已经非常破碎，大大小小的几百块碎片，乍一看已经看不出什么形状了。"

我俩在碎石堆里一块一块地看着化石。对于这些破碎的化石，我们并没有抱太大的希望。

在李荫方的帮助下，我们包装好这些碎片，并把它们一块块放进纸盒，带回北京。

回到北京后，第一件事就是拼接化石。这项工作看上去似乎不需要太多技巧，然而，要将破碎的化石整理成型，却需要丰富的经验和专业知识。对于徐星而言，每一块碎片，都有助于恢复某个物种的生命信息。

随着碎片越拼越大，这块化石所显示出来的信息也越来越多。它表现为一种以前从未见过的食肉恐龙。这个锋利的爪子形象表明，这是一种善于捕猎的猛兽。在这一点上，它同"中华龙鸟"是一样的。但从骨骼的大小上看，这种恐龙的个头很大，远远超过了"中华龙鸟"。

辽西地区又发现了一种恐龙，似乎就是这块化石的最大意义了。

窗外，车流渐稀，夜已深了。徐星坐在显微镜前，为这块标本进行最后的修理。在显微镜下，标本将被分区域整理。

他小心翼翼地用小剃针一点一点的对标本上骨骼周围多余的岩质进行剥离。忽然，徐星感到，小剃针没有吃住劲。

在这片岩质下，似乎隐隐约约地有一些奇怪的东西，一向谨慎的徐星不由得迷惑了。他再次调整显微镜的焦距。

始祖鸟

第一件始祖鸟化石标本是1861年巴伐利亚索伦霍芬附近的晚侏罗纪层采到。身体大小像乌鸦，骨骼保存齐全，还有清楚的羽毛印痕。它既有爬行类的特征，如有牙齿，又具有鸟类特征，如全身长着羽毛等。代表着由爬行类过渡到鸟类的中间类型。

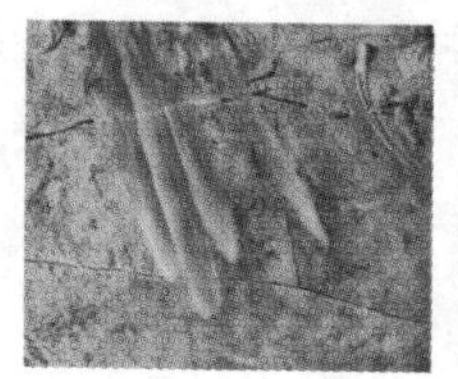
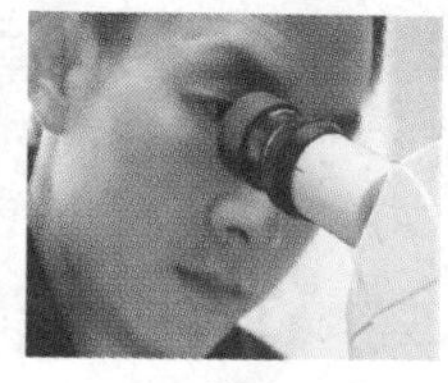

徐星在显微镜前修复标本，似乎看到了长着羽毛的恐龙

这些丝状结构正是徐星寻找已久的东西，他从没有想到，这种东西会在一只大型的恐龙身上出现。

这就是那些毛状细丝，它们生长在另一只恐龙的身上。此刻，徐星手里拿着全世界第二块长着羽毛的恐龙化石。

徐星：我们给它命名为”意外北票龙“，一是因为它的特征组合十分奇特，二是这件标本的发现实属意外。

长着毛的恐龙，这是在亿万年前真正存在过的一种动物！这意味着，在鸟类与恐龙之间存在着过渡物种！

那个古老的猜想再一次得到了印证：恐龙，很有可能就是鸟类的真正祖先！人们继而开始了大胆的推测：或许正是这种长着原始羽毛的恐龙，在随后而来的、漫长的地质年代中不断演化进步，最终长出了能够辅助飞行的真正的羽毛，向着其他动物从未涉足过的天空，发出了第一个起飞的信号。

关于北票龙的研究还在继续，新的发现也给徐星带来了新的压力，北票龙身上的羽毛，能否得到学术界的认可呢？徐星必须对这种物质进行进一步的观察和分析。然而，恰恰在这里，一个可怕的疑问出现了。

   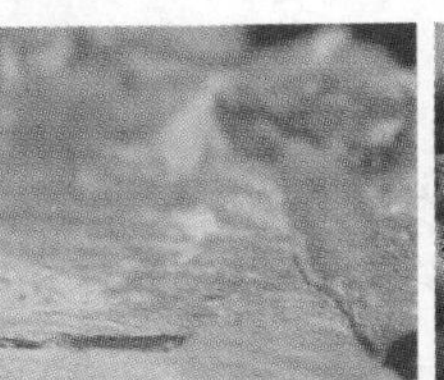 

徐星似乎隐隐约约看到有一些奇怪的东西

标本保存的状况不好，很多细节上的信息已经无法分辨。而在能够看清的范围内，在这些看似羽毛的黑色细丝中，徐星并没有找到鸟类羽毛所特有的结构！这意味着，无法断定北票龙身上那些像毛一样的细丝到底是不是真正的鸟类羽毛。

在6 500万年前，恐龙真的灭亡了吗？还是经过演化，继续生存在我们这个星球上？这个一百多年前就已经诞生的争议，还将持续下去。

翅上有爪子的鸟

2. 缺失的一环

恐龙在6 500万年前真的灭亡了吗？中华龙鸟和北票龙似乎在暗示人们：这一切或许另有答案。徐星渐渐相信，鸟类或许就是恐龙的后裔。然而，在北票龙身上的那些黑色细丝中，徐星还没有找到鸟类羽毛所特有的结构。这意味着，他无法用充分的证据说明恐龙与鸟类的关系。要回答人们的质疑，就必须找到铁的证据。

显微镜下，徐星再一次观察北票龙化石上整齐排列着的黑色细丝。的确，它们不同于爬行动物的鳞甲和鳞片，是一种类似羽毛的丝状纤维。

但是，这些纤维的具体结构是怎样的呢?它们是不是真正的羽毛？

相关的信息在化石上难以分辨。这个由破碎化石拼接出来的动物，身上覆盖的，到底是一层什么样的东西呢？

在动物世界中，只有鸟类身上才长有辅助飞行的羽毛，因此，羽毛被认为是鸟类的标志。如果恐龙身上长着真正的羽毛，那将毫无疑问地证明，鸟类是由恐龙演化而来。

然而，鸟类的羽毛有一个重要的特征：分支结构，它们整齐地排列在羽轴两侧。遗憾的是，在目前发现的带毛恐龙身上，人们没有找到这种结构。一些持反对意见的学者因此而拒绝承认这两块化石在恐龙演化中的科学价值。

一时间，徐星陷入了困惑，带毛恐龙的发现，似乎隐约预示了恐龙并未灭亡，在那个灾难频繁降临的地史时期，它们可能努力地改变自己，适应环境，挣扎着向天空寻找另一种生存的空间。然而，它们最终飞起来了吗？还是在稍做尝试之后，就放弃了寻找另一种生存方式的努力呢？线索，恰恰在这里中断了。

这不由得使徐星进一步思考：如果恐龙没有灭亡，而是进化成为鸟类，在这两个物种之间，必然会存在一个过渡环节！在辽西那广袤的地层中，还有没有可能发现新的化石，找到问题的突破口呢？

1998年夏，这一年，考察队选择了最适合野外发掘的季节，再一次赶赴辽西。这年夏天，辽西地区气候湿润，雨水丰沛，对于当地百姓而言，这是难得一遇的好年份，它预示着来年的丰收。

然而,连绵不断的阴雨天气，却使考察队无法正常工作。

1998年夏，考察组再一次赶赴辽西

考察的周期被难以预计地延长了。

发掘工作虽然一再延迟，但人们还是按照计划开挖了3个坑，随着工作的逐步进行，人们陆续发现了一些过去曾经发现的化石品种。尽管如此，这仍然令负责相应课题的队员们感到高兴，能够亲自找到自己需要的化石，意味着在进一步的研究中，能够更加详尽地了解与化石有关的地层信息。因此，对于一些队员而言，此次收获不小。

然而，在众多的化石发现中，却没有找到带毛恐龙。

阴雨天气打乱了考察队的工作计划，却削弱不了人们寻找化石的热切期望，人们利用偶尔的晴天抢进度，不知不觉中，竟然将山劈开了一条缝！

现在，大部分岩层已经采掘完毕，只有四合屯北山梁上的一号坑内，还有角落上最后一小片岩层尚未剥离。而这，也是此次考察的最后任务。

在这片区域内，距离坑顶六七米深的化石富集层是考察队的重点发掘目标。现在，人们还必须搬开一两米厚的岩层，才可能触及到化石富集区。归心似箭的人们加快了进度，上午10点钟左右，距离化石富集层已经只剩下大约90厘米了。

忽然，一位队员在掘出的页岩片断面上发现了化石的断茬。激动的人们一拥而上，急忙帮助清理化石断茬附近的岩层，猛然间，队员李岩看到，一个动物的印痕出现在黑灰色的页岩层面上。

鸟　龙

李岩：整体轮廓无法看清，但在头部长着一排弯刀状的牙齿，同时，在化石断面上，暴露了一些黑色的，类似绒毛的印痕。

一阵激动袭上人们心头，从牙齿判断，它肯定不是鸟类化石，但同时，它却长着类似羽毛的结构！

王元青：我知道，我们找到了想要找的东西。

人们找来必备工具，开始加固和包装这块重要的化石标本。喜悦的心情笼罩了整个发掘现场，兴奋的人们竟然顾不得戴上橡皮手套，徒手开始为这块标本制作厚重的防护外壳。

王元青回忆并描述当时情景：”没有想到，在野外工作就要结束的时候，会有这样的收获。”

此次考察顺利结束，人们的收获不少。而最令队员们感到满意的是，他们亲手从地层中找到了一开始就迫切想要找到的东西——带毛恐龙的化石标本。

徐星：……所以我们将它命名为千禧中国鸟龙。

从辽西回来后，徐星几乎每天都要去一趟所里的化石标本修理室。在那里，经验丰富的技师谢书华正在对中国鸟龙化石进行全面的修理。

从野外采集回来的化石只有经过专业人员的修理，剔除标本上遗留的岩质，才能充分暴露化石的原貌以进行研究。

为了最大限度地发掘出化石上所蕴含的信息，标本上的每一个细节都不能忽略。因此，要细致地观察中国鸟龙，还必须等待一段时间。

发现于北票四合屯的小型兽脚类恐龙——“中华龙鸟”

就在这时，徐星获知，另一个相关的重要的发现已经公诸于世。这个发现被刊登在美国国家地理杂志的封面上，引起了世界范围内的轰动。就连美国总统克林顿，也对此产生了浓厚的兴趣。

而这块化石的发现者，正是国内的同行。原中国地质博物馆馆长季强在辽西又发现了一块带毛恐龙的化石，这块化石，不同于以往。

季强接到电话，说是发现了仙鹤，腿很长，脖子也很长。

仙鹤这个词引起了季强的注意。显然，在老乡看到的这块化石上，具备着与鸟类有关的特征。因此，这个发现极有可能是一种特殊的会飞生物，仅此一点，足以令季强感到兴奋。他决定立即出发，赶到北票。

北票四合屯——中华龙鸟化石产地

此次考察顺利结束，考察组收获不少

季强连夜开车，终于见到了这块化石。

这就是邹氏尾羽龙，它优美的姿势确实酷似一只翩翩起舞的仙鹤。然而，他却认为是一条恐龙。

令人激动的是，在这种动物的尾部，季强找到了和现代鸟类极相似的尾羽！它们在尾部末梢成发散状排列着。这是一种分支结构，这个标志性的特征说明，这种羽毛属于鸟类！

即便是一些世界知名的古生物学家，也很难相信眼前的这个事实：一条恐龙

赫胥黎(Thomas Henry Huxley，1825～1895)

英国生物学家。他是宣传达尔文进化论的干将。主要著作有《人类在自然界的位置》、《进化论和伦理学》等。其中后者被我国清朝学者严复译为《天演论》，对中国影响很大，成为五四前后，中国新青年追求科学、真理的必读书籍。

长着真正的羽毛!

一时间，许多人因为这个发现而欣喜若狂，尾羽龙尾部和前肢上那些鸟类羽毛似乎带给人们无限的希望。然而，不同的意见和结论却很快地出现了，美国堪萨斯大学地质生物系教授莱瑞·马丁认为，这种动物并不是恐龙。

莱瑞·马丁坚持认为，化石上的这种动物是一种早期鸟类。只不过在后来的演化中，它逐渐丧失了飞行的能力，只能在陆地上奔跑。因此，被人们误认为是长着羽毛的恐龙。

从依据化石描绘出的复原图上看，尾羽龙的模样也酷似鸟类。如果它们的祖先是生活在树上的鸟，那么尾羽龙自然也应该归属于鸟类，而不是恐龙的后代。事态至此，仿佛陷入了一个不断往复的怪圈。

带毛恐龙的化石一块又一块地被人们发现，但却又一一遭到质疑和否定。似乎无法找到这样一块化石，能够完美无缺地向人们证明：一条真正的恐龙长着真正的羽毛。

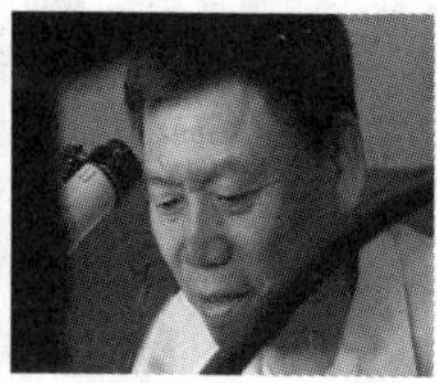

谢书华已将中国鸟龙标本初步修复出来了

徐星："不管这场是龙是鸟的争论有多么激烈，有一个情况却已经成了事实：这类化石正在不断地被人们发现，它们的数量，已经越来越多了。"

在恐龙和鸟类之间，是否存在着进化关系？就人们现在掌握的证据来看，还难下定论。这些似龙似鸟的动物，仿佛是恐龙向鸟类进化过程中的过渡环节。然而，在他们中间，却缺少最关键的一环——长有鸟类羽毛的恐龙!

这个奇特的组合会存在吗？

几个星期过去了，谢书华已将中国鸟龙标本初步修复出来了，凭借自己多年来的工作经验，谢书华感到，这块标本的保存状况比较完整，有可能记载着更加丰富、全面的信息。因此,他耐心细致的修理程度也超出了以往。

初步修理工作一结束，他赶快把标本送到了急切等待的徐星那里。

始祖鸟的骨骼

经过精心修理后，中国鸟龙显露出真实面目。

这到底是一个什么样的动物？徐星开始了仔细的观察：首先，他确定这是一种恐龙。

接下来，徐星在这块化石上又发现了鸟类的特征。

同时拥有恐龙与鸟类的特征，说明这块化石也是恐龙与鸟类之间的一个过渡物种！进一步的设想强烈地吸引着徐星：这有没有可能就是那缺失的一环呢？

这些毛茸茸的黑色纤维状物质，正是徐星一直关注着的东西。从接触带毛恐

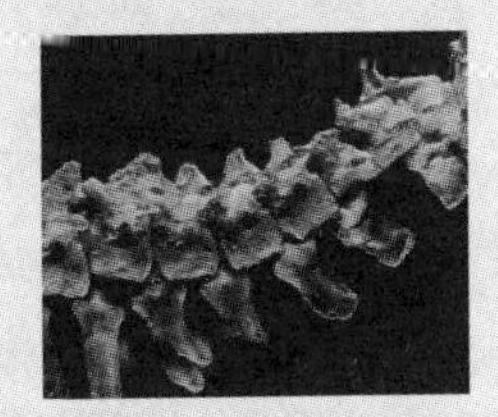

从依据化石描绘出的复原图上看，这是恐龙与鸟类之间的一个过渡物种

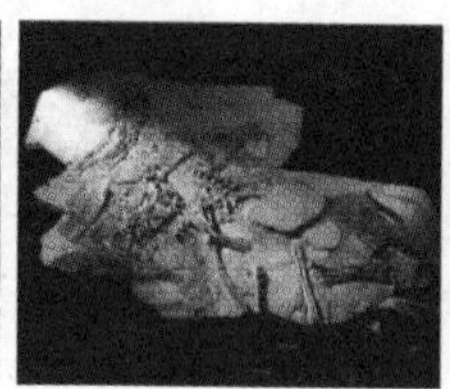
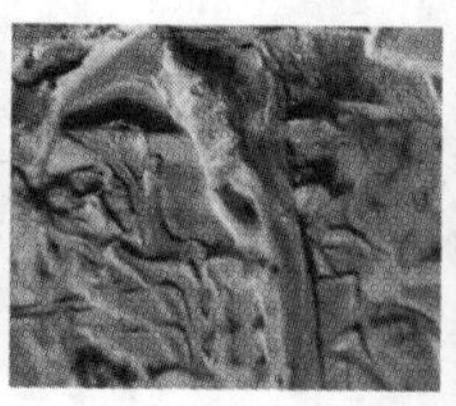
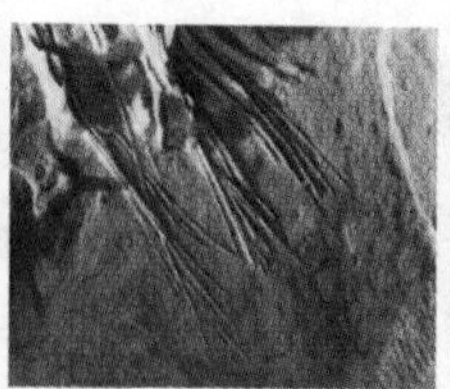
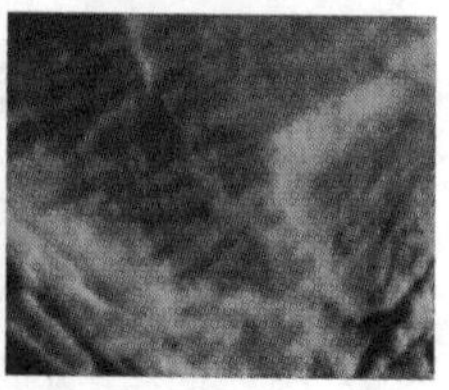

徐星请来一位同事，一起观察那个令他难以判断的关键细节

龙化石开始，徐星就一直希望能够在这里找到突破，现在，问题的关键就摆在自己眼前，徐星的心情既兴奋又紧张：在这些黑色毛状物里面，会不会找到鸟类羽毛特有的分支结构呢？

在分区域观察后，有一处毛状印痕引起了徐星的注意。

隐约间，他似乎看到了什么，但他还不敢确定。那些丝状纤维，交错排列，与鸟类羽毛的分支结构颇为相似。但却显然不够整齐和明显。这到底是不是那个标志性结构呢？

时间一点点过去，显微镜前，徐星还在反复观察。

如果眼前的这块化石标本上保存着分支结构，那么中国鸟龙就是那个最关键的缺失环节，生物进化史上一个重大的理论将因为这块化石而被最终确立下来。他将以无可辩驳的铁证告诉人们：恐龙并未灭亡，它的后代就生活在我们身边。

徐星离一个重大发现只有一步之遥。但此刻，他对化石上那些并不明显的痕迹仍旧拿不定主意。夜,已经渐渐深了。

第二天，徐星请来一位同事，一起观察那个令他难以判断的关键细节。但仍然毫无结果。

最后的结果尚未明了，整个研究暂时停顿了下来。有关羽毛的研究一时间陷入了僵局。

在对中国鸟龙进行初步报道的论文中，徐星将分支结构的相关描写删除了。

中国鸟龙是真正的恐龙，但骨骼周围的那些黑色物质，是否就是真正的羽毛呢？徐星无法做出最后的判断。

他只得将标本再一次送到了化石修理技师谢书华那里。而羽毛，这个目前为止，对恐龙向鸟类进化最有力的证据，也变得越来越扑朔迷离了。

就在徐星盼望着早日看到化石修理的最终结果时，又一件意想不到的事发生了。

这一天，所里来了两位美国人，在谈到带毛恐龙的话题时，他们提到，在美

始祖鸟的化石

国，有人得到了一块叫做“古盗鸟”的化石标本。而这块标本，同恐龙和鸟类都有着直接的关系！

在进一步的接触中，徐星了解到，这块叫做“古盗鸟”的化石标本，是从中国流失到海外的，他目前被一位名叫赛克斯的美国科学家收藏。

但按照国际惯例，走私出境的化石不能进行研究和发表，因此，化石的拥有者也希望与中国方面取得联系，共同寻找一个解决问题的方法。

为此，古脊椎所就这块标本展开了与美国方面的接触。经过一番努力，事件有了明显的进展。经过协商，古脊椎所与美国国家地理学会达成一致，在化石标本的研究完成之后，这块标本将归还中国。

王元青：古脊椎所随即做出决定，派年轻的古生物学家徐星参与“古盗鸟”标本的研究。

北票龙（Beipiaosaurus inexpectus）

1999年5月由徐星等人在《Nature》杂志报道。发现于辽西北票下白垩统义县组下部地层中。从它身上的细丝状皮肤衍生物看，可能是恒温动物。由于它奇特的形态特征，尤其是它发育有类似原蜥脚类的后足，所以它的系统位置长期以来悬而未决。

徐星：在交谈中我得知，古盗鸟化石与恐龙和鸟都有着惊人的相似点。它同时拥有鸟类的身体和恐龙的尾巴。如果这是真的，那将是一个非常令人振奋的发现。我期待着能够一睹这块化石的真容。

如果鸟类就是恐龙的后裔，那么找到恐龙向鸟类进化过程中的“缺失”环节是最关键的。

一直以来，许多人为寻找这样的化石证据而煞费苦心。

从发现中华龙鸟开始，长着羽毛的恐龙化石不断出土，虽然在古生物学界引起了巨大的争议，但也使人们越来越接近这个谜团的核心。人们将所有的目光聚焦在那些黑色的丝状纤维上，希望能够在这里找出令人信服的答案,从而找到恐龙与鸟类之间最关键的一环。然而，令人满意的结果至今尚未出现。

辽宁“古盗鸟”同时拥有鸟类的身体和恐龙的尾巴，这恰恰是人们期待的那个不可思议的组合！难道，这才是人们苦苦寻觅的“缺失环节”吗？

也许这块尚未谋面的化石，正是问题的答案，它将告诉人们，恐龙的身体发生了怎样的变化，它们是否最终展翅翱翔。

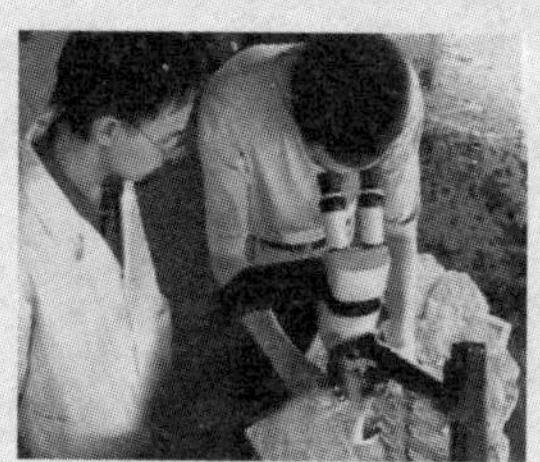

古脊椎所派徐星参与“古盗鸟”标本的研究

3. 未亡的恐龙

100多年前，英国著名古生物学家赫胥黎曾经提出个一个大胆的假设：恐龙并未灭亡。

一个多世纪后，在中国辽西，人们竟然找到了这个猜想的直接证据！它们显示：恐龙可能进化成了飞翔于天际的鸟类。

在所有的证据中，科学家徐星于1998年发现的化石——中国鸟龙，在当时被认为是最接近鸟类的恐龙。但是，化石上有关羽毛的关键证据，却还没有最后的结论。

就在此时，在大洋的彼岸，却传来了惊人的消息，恐龙没有灭亡的铁证已经破土而出了！

1999年初，正值中国的传统节日——新春佳节，人们都还沉浸在浓厚的喜庆气氛中。

而徐星，却在紧张地准备着有关中国鸟龙的初步报道论文，他希望能够尽快让人们获知考察队在辽西的最新发现。

与此同时，在遥远的地球另一面，在世界最大的化石市场上，人群正熙来攘往。

赛克斯，美国尤他布兰丁恐龙博物馆的馆长，一位狂热的恐龙爱好者，也在这个市场上寻找着自己感兴趣的东西。或许在这里，能够收集到一些与恐龙有关的东西，丰富自己的馆藏。

突然间，他的视线扫到了一块不大的化石，那上面有一条又直又长的尾巴！如果没有判断错，那应该是一条恐龙。

他走近，拿起盒盖，想要仔细观察。然而就在那一瞬间，他惊呆了。他无法判断眼前的这个动物到底是不是恐龙，除了尾巴，这个动物完全就是一只鸟！

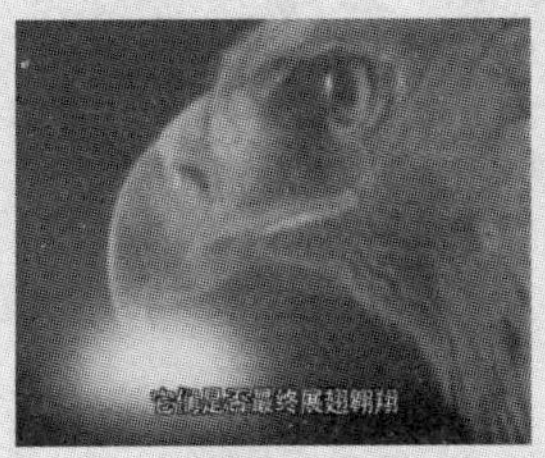

古盗鸟标本将归还中国

长着一条恐龙尾巴的鸟！这是一个闻所未闻的发现，虽然赛克斯一时之间还不能确定这一发现的意义，但是他本能地感到，这个发现也许会震惊整个古生物学界。

就在一两年前，在遥远的中国，一系列带毛恐龙化石的发现震惊了世界，他们被认为是恐龙与鸟类之间的过渡物种！

然而，在恐龙向鸟类进化的整个链条中，却始终缺少最关键的一环——像鸟类一样会飞的恐龙！

这个最关键的证据至今尚未被人发现，它几乎成了一个令人头疼的谜。而现在，赛克斯眼前的这块化石却同时具备了恐龙与鸟类的特征，它长着鸟的身子和恐龙的尾巴。难道这块化石，就是那个一直缺失的铁证吗？他为这个想法惊呆了。

当赛克斯从震惊中清醒之后，第一个反应，就是要买下这块化石。

一个星期后，赛克斯给自己的老朋友飞利浦·柯里写了一封信，提到了这块名叫古盗鸟的奇特化石，他希望柯里能够加入进来一起研究。

加拿大科学家柯里是世界著名的恐龙专家，也是美国《国家地理》杂志的顾问，他曾经参与了中华龙鸟和尾羽龙等带毛恐龙的研究，对鸟类与恐龙的关系兴趣浓厚。在信中，他看到了附带的古盗鸟化石照片。

照片上的古盗鸟与恐龙和鸟类都有着惊人的相似点。在以往发现的带毛恐龙化石中，没有一块标本具有这样明显而直观的过渡特征！

赛克斯——美国尤他布兰丁恐龙博物馆馆长

这一点令柯里异常兴奋，恐龙向鸟类演化的学说，很可能因为这一块化石而被最终确立下来！

作为美国《国家地理》杂志的顾问，他向杂志社推荐了这块化石，编辑认为，《国家地理》也许可以写一篇关于这件化石的报道。

然而，古盗鸟化石的身份却是一个令人尴尬的问题。这块化石的原产地在中国辽西，据化石卖主声称，标本具有合法的买卖手续。然而，在这块标本上却没有任何一家中国科研机构的标本编号，换句话说，这是一件走私出境的化石标本！

依据国际惯例，这样的标本不能进行公开的研究和发表。

人们因此而备感惋惜。如果这是一件关于恐龙演化重大课题的关键证据，却被弃置不理，对于古生物学研究来说，损失难以估量。一时间，事态的发展陷入了无奈的境地。

不久后，徐星研究的中国鸟龙化石标本向全世界作了公布。这一公布，促成了事态的转机。

中美双方就相关的最新发现开始了接触。

依据国际惯例，研究和发表走私标本不予承认。但如果古盗鸟化石能够最终回归中国，那么,所有的问题就迎刃而解了。

经过协商，古脊椎所和美国国家地理学会达成一致，在合作完成研究后，古盗鸟化石标本将回归中国。

徐星成为这次合作项目的中方专家。

古盗鸟化石的出现，使其他带毛恐龙化石显得黯然失色。中国鸟龙的研究又恰在此时陷入僵局。对于徐星而言，自己正在进行的研究似乎意义不大了。

然而，一想到也许在不久后，恐龙的演化之谜会被最终破解，徐星仍情不自禁地备感兴奋。他密切关注着古盗鸟化石的研究。

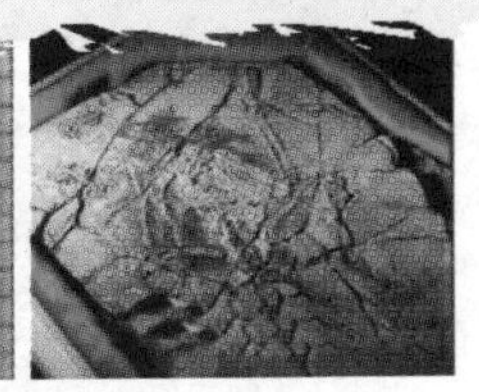

柯里向国家地理杂志推荐了这块化石

在合理地解决了化石的身份之后，古盗鸟的研究得以继续进行。古盗鸟以它不可思议的组合引起了人们浓厚的研究兴趣。科学家将最大的注意力，放在了这块化石的鸟类身体和羽毛印痕上，在1.2~1.3亿年以前，这些轻柔的披覆物是否能够帮助古盗鸟从陆地飞向高空,使它真正成为恐龙向鸟类进化的那个关键环节——像鸟类一样会飞的恐龙！

与此同时，在华盛顿，《国家地理》杂志也在密切关注着古盗鸟化石的研究进程。这个项目从一开始就被严加保密。

古盗鸟（Archaeoraptor liaoningensis）

在多数中文媒体的报道中作“辽宁古盗鸟”，又作“辽宁始祖龙”。按 raptor 是食肉鸟，Archaeo 的意思是古老或原始之义，直译为古盗鸟。但既然是恐龙一类，而“原始”更能明确表示它出现得最早，因此可称为辽宁原始盗龙。

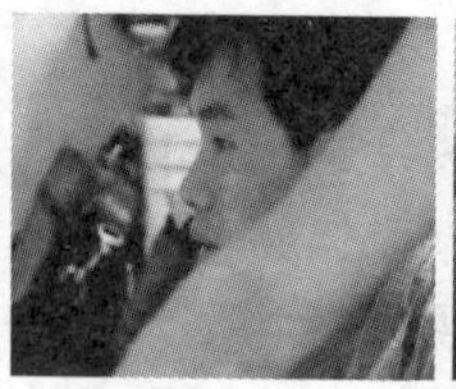

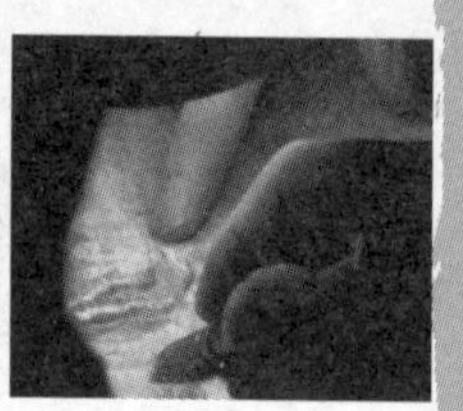

柯里完全被这块化石吸引住了

杂志社从成立以来，就一直致力于通俗地解释深奥的科学，并且一直做得很出色。这一次，在揭示恐龙演化的重大课题上，《国家地理》希望能让所有热爱科学的人大吃一惊。

现在，编辑只是在等待赛克斯和柯里就古盗鸟是否会飞达成一致。

这个激动人心的消息，令整个编辑部沸腾了。

很快，一篇科普文章:《霸王龙长了羽毛吗》在《国家地理》杂志编辑——斯隆笔下诞生了。古盗鸟，就是整个故事中最引人注目的主角。

杂志已经被送往印刷厂，剩下的，只是等待11月这期《国家地理》杂志摆上各大邮局报亭的货架。

同时，经过大半年的科学研究，古盗鸟的学术成果正式对外发布。国际科学界的权威杂志《自然》考虑发表关于古盗鸟的论文，由徐星撰写解剖方面的内容。

一切都走上了轨道，人们相信，这块了不起的化石一定会对恐龙的演化提供了不起的证据。

然而，伴随着古盗鸟的研究同时进行的，还有质疑。从一开始，专家们就围绕这块组合奇特的标本，展开了激烈的争论。

最初，当柯里收到赛克斯的信，看到化石照片时，古盗鸟身上明显的过渡特征曾让柯里备感兴奋。然而，仅仅依据照片，是无法进行进一步研究的。

所以几个月后，柯里决定去看看古盗鸟化石。

1994年3月，柯里飞往布兰丁，来到了赛克斯的恐龙博物馆。在这里，他第一次清楚地看到了古盗鸟标本。在柯里眼中，它美丽而奇特，柯里完全被这块化石吸引住了。

然而，他很快发现了一个奇怪的现象：古盗鸟标本的两条腿竟然有着极为明显的差别：它们不是全凹或者全凸的，而是正负模。这说明：古盗鸟的两条腿保存得并不完整，它们是由几块化石拼接在一起的！

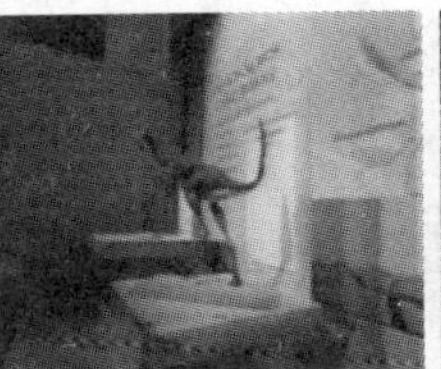
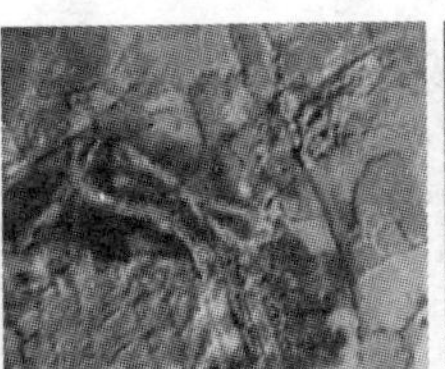
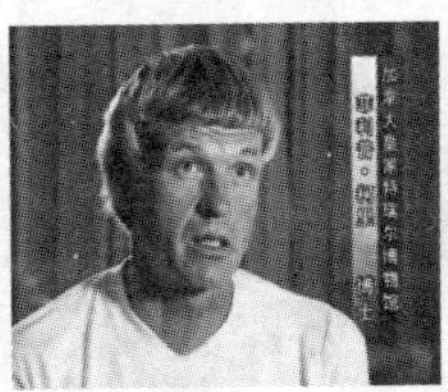

柯里博士来到赛克斯的恐龙博物馆

拼接化石标本，在古生物化石的研究中其实并不少见。为了使标本“看起来更完整”，有许多化石都曾经经过专家们的人为的、科学的“拼凑”。因此，不是同一块化石也不一定代表它们不属于同一种动物。

然而，对于古盗鸟这样奇特的化石来说，这种现象却极其引人注意。

接下来，人们对古盗鸟进行了更严格、更精密的仪器检查。

8月，在德克萨斯大学奥斯丁分校的高精度CT扫描室里，蒂姆·罗对古盗鸟化石开始了长达100小时的扫描。

扫描后生成的图片显示：古盗鸟化石上存在着大量的断裂。

人们发现：化石总共由88块碎片组成。

然而，这些碎片的岩性却是一致的，这说明，所有碎片来自同一处岩层。并没有找到什么证据可以证明这块标本是由不同动物拼接的。

一个明显的疑问被排除了，相关的研究继续进行。紧接着，古盗鸟身体和尾部相连接的关键位置又一次引起人们的注意。柯里发现，在这里，大量的岩质覆盖在化石上，使人们难以看清古盗鸟的身体和尾部是怎样相连的。

9月，柯里派皇家特瑞尔博物馆的化石技师——奥兰伯克，前去布兰丁“修理”古盗鸟标本——剔除关键位置的岩质，更加深入清晰地观察化石。

经过一个星期的细致修理，奥兰伯克给正在戈壁上的柯里发了一封电子邮件，在信中，他说出了自己的观点：

古盗鸟至少是由3件、甚至最多可能是由5件不同的标本组合起来的。

《国家地理》(National Geographic)

创刊于1888年，由美国的一家非盈利科学教育组织——“国家地理协会”创办，创办人之一是电话的发明者贝尔。杂志的视角立足全球，不但记录了地理的概貌，而且记录了一百多年来世界政治、经济、历史和文化的变迁。

这个观点引发的争议，远远超过古盗鸟腿部的正负模。

一下子，人们开始对这块化石的真实性产生了怀疑：古盗鸟难道是由不同的动物拼凑而成的？化石上的这种动物，真的存在吗？

一系列的讨论开始了。

人们反复观察化石各部分的比例关系、研究化石骨骼的特点和岩性，又再次分析CT扫描照片的结果，没有找到充分的证据证明古盗鸟由不同动物拼接而成，结果恰恰相反，所有证据都倾向于支持古盗鸟标本属于同一动物个体。

至此，有关古盗鸟化石的疑点被一一排除，经过最后确认，它被做为恐龙进

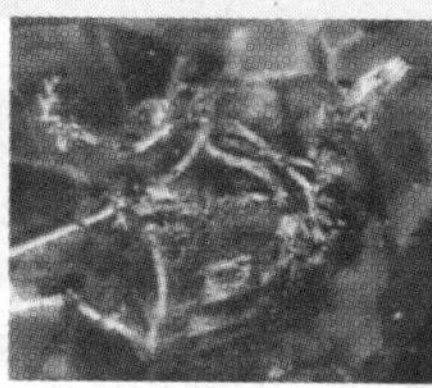

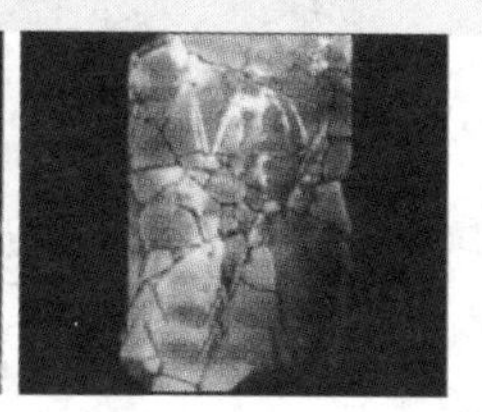

古盗鸟化石上存在着大量的断裂

化的关键证据向整个世界公布。

在结束了国内的工作之后，徐星在1999年10月份来到了美国。在赛克斯的一个工作室中，他第一次看到了古盗鸟标本，那条又直又长的恐龙尾巴给了他极为深刻的印象。徐星得出了与柯里相同的观点：标本被拼接过。同时，他还注意到，古盗鸟的身体在化石上呈现的是腹面，而尾巴部分呈现的则是背面。也就是说，这块化石身体与尾部的保存状态也不一样。

1999年11月，刚刚从美国回到北京的徐星，又来到了辽西。

虽然古盗鸟已经很好地证明了恐龙与鸟类的关系，但徐星依然希望关于原始羽毛的研究能够有一个最终的结果。

11月的辽西寒意逼人，这一年年底的科学挖掘工作并无新发现。也许一切都期待着新的开始。

正当徐星打算放弃这一次考查工作之时，一个意外的插曲打断了他原先的科研安排。

这是一种从未被发现过的动物。它大约30～40厘米长，满嘴长着牙齿，后足的爪子细而弯曲，身体短小，尾巴很长。

它的骨骼形态表明它是一种兽脚类恐龙，正当徐星为这次的新收获感到欣喜

异常的时候，他却被接下来的发现震惊了。

在进一步观察小盗龙标本时，徐星突然发现：这件标本的尾巴部分异常地熟悉。

他还清楚地记得，就在两个月前，在古盗鸟的身体上，那个背面保存的、像恐龙一样的尾巴。

而眼前的这块标本，恰恰拥有那条尾巴的正面！

从这块化石上可以清楚地看到，它所连接的并不是古盗鸟，而是一条真正的恐龙！对于古盗鸟而言，这是一个致命的证据。它说明，古盗鸟标本至少是由两种动物拼凑而成的。鸟类的身体与恐龙的尾巴，这个奇特的组合是人为制造的，古盗鸟，从来就没有存在过！

这一消息震惊了包括《国家地理》主编在内的所有人。古盗鸟事件牵涉到一

徐星从美国一回来，就投入了对中国鸟化石的研究

连串著名的古生物学家，他们都支持了错误的证据。从科学的角度来看，恐龙的后代是否依然存在，也再次成为古生物学中未解的谜题。

2000 年 4 月，经过最终确认，美国国家地理学会正式对外宣布："辽宁古盗鸟"确实是由不同动物拼凑的。5 月，"辽宁古盗鸟"标本回到了中国，保存在古脊椎所标本馆中。

一年的时间里，古盗鸟成为古生物学界最为热点的话题，它掀起了轩然大波，却又因一次极为意外的巧合而最终沉寂。科学，差点因贪图暴利的化石贩子而被引入歧途。然而，有关这块传奇化石的故事却不胫而走，正是因为它的出现，增加了

始祖鸟（右）与翼龙类的翼手龙（左）

斯皮尔伯格(Steven Spielberg，1946～　)

美国导演。16 岁即拍摄科幻片《火光》。曾被加里福尼亚大学拒之门外。以《大白鲨》登上 A 级片导演之林，随后的《ET 外星人》、印弟安纳琼斯系列、《侏罗纪公园》等票房突出。《侏罗纪公园》和《辛德勒名单》一举囊括第 66 届奥斯卡 9 项大奖。

古生物学家们对探寻事实真相的渴望。科学，也在一次次证伪的过程中得以前进。

古盗鸟作为恐龙演化证据的最大希望，在经历了昙花一现般的辉煌后，销声匿迹了。然而，恐龙与鸟类之间那最关键的一环，到底存不存在呢？

人们将目光收回，再一次集中到尚未得出最终结论的中国鸟龙化石上。

在谢书华那里，中国鸟龙的标本已经完全被修理了出来。

徐星：拙劣的修理常常毁坏标本，而杰出的修理技巧则能使我们观察到更多的细节特征。令我感到非常兴奋的是，在中国鸟龙标本完全被修理出来后，我发现了一些重要的信息。

在显微镜下，中国鸟龙骨架周围保存的皮肤衍生物不仅显然有别于爬行动物的鳞甲、鳞片，是丝状的平行排列的，

美丽轻灵的鸟类，它们的祖先正是人们心目中庞大的恐龙

而且还显示出了鸟类羽毛独有的特征——分支结构！

徐星：可以毫无疑问地说，中国鸟龙的皮肤衍生物代表一种原始阶段的羽毛。

人们期待已久的事情终于变成了事实：一条真正的恐龙，长着真正的羽毛。在几经周折之后，人们找到了令人信服的证据——中国鸟龙。它告诉整个世界，恐龙向鸟类进化的学说已经不再只是一种猜想。美丽轻灵的鸟类，它们的祖先正是人们心目中庞大冷酷的恐龙。

徐星

徐星：如果斯皮尔伯格今天再次拍摄一部恐龙影片的话，其中的恐龙形象恐怕要变得温柔一些了。

恐龙，这个曾经称霸世界的物种，并没有灭亡，它们的后代今天就生活在我们身边。

在中国辽西，一系列带毛恐龙化石的发现证实了恐龙未亡的命运，也使人

探寻真理的漫长道路

们重新认识这个物种进化演变的历史。

科学家们为了寻找恐龙演化的蛛丝马迹而不懈努力，最终在这个课题上获得了重大突破，生物进化的理论得到了令人惊讶而又备感振奋的补充。

在探寻真理的路上，人们留下了坚实而自信的脚步。

（金霞）